Recht voor de groenblauwe ruimte

Recht voor de groenblauwe ruimte

mr. dr. F.H. Kistenkas

Wageningen Academic Publishers

ISBN 978-90-8686-201-6

Eerste druk, 2012

Voorwoord

Voor u ligt het boek *Recht voor de groenblauwe ruimte*. Dit boek geeft een duidelijk en bondig overzicht van ruimtelijke regelgeving met betrekking tot natuur (groen) en water (blauw).

Daarnaast geeft het advies voor een betere afstemming van beleid en regelgeving met de (uitvoerings)praktijk.

Als voorzitter van het Bosschap, het bedrijfschap voor bos en natuur, ondersteun ik dit boek van harte. Het beter afstemmen van de regelgeving in het belang van de bos en natuursector als geheel is één van de hoofdtaken van het Bosschap. De wetgeving die de groenblauwe sector raakt, is in de afgelopen tijd aanzienlijk gewijzigd en aangepast. Een reden hiervoor is het veranderd inzicht in bestuurlijk opzicht zoals de verdeling van verantwoordelijkheden en bevoegdheden tussen de verschillende overheden. De nieuwe Wet ruimtelijke ordening en de invoering van de omgevingsvergunning zijn duidelijke voorbeelden hiervan. Ook de komende jaren staat er nog heel wat te gebeuren, zoals het invoeren van de Natuurwet en de voorbereidingen voor een integrale Omgevingswet.

Een opvallende ontwikkeling is dat sectorale regelgeving zo veel mogelijk samengevoegd wordt.

Het resultaat is eenduidigheid in procedure, besluit en bevoegd gezag. De uitwerking van deze regelgeving in vergunningen, ontheffingen, onderzoeken, en toetsen is hierbij een belangrijk aandachtspunt. Doordat er nu geen eenduidigheid is in definities en toetsingswaarden zijn procedures vaak zeer complex en onoverzichtelijk.

Ik ben blij dat er nu een boek is dat houvast biedt in het woud van groene regelgeving. Ik verwacht dat het niet alleen een welkom hulpmiddel is voor beheerders en overheden, maar ook een waardevolle bijdrage aan het groene onderwijs zal leveren.

Ed Nijpels
Voorzitter Bosschap

bosschap
bedrijfschap voor bos en natuur

Deze uitgave kwam tot stand dankzij financiële bijdragen van:

- *Bosschap*
- *Houthoff Buruma*
- *WOt/KB IV*

Ten geleide

In het voorjaar van 2008 verscheen *Recht voor de groene ruimte* als leerboek voor het aan Wageningen Universiteit gedoceerde bachelor-vak Bestuurskunde en Omgevingsrecht en als compendium van het voor de *Wettelijke Onderzoekstaken Natuur en Milieu* (WOt N&M, onderdeel van Wageningen Universiteit en Researchcentrum) verrichte omgevingsrechtelijke onderzoek. Sindsdien is er veel veranderd. Na de omvangrijke legislatieve proliferatie van de laatste jaren is het omgevingsrecht allang geen rustig bezit meer. Het is ook veel minder overzichtelijk geworden en veel wijst er bovendien op dat het groenblauwe omgevingsrecht in een transitoire fase zal belanden en rechtswetenschappelijke innovatie nodig heeft. Er bestond daarom behoefte aan een nieuw leerboek en een kritisch compendium dat ingaat op deze mogelijke rechtsvernieuwing en zich tevens verbreedt tot ook het blauwe omgevingsrecht (waterrecht en internationaal zeerecht).

Dankzij het WOt-deel van het Wageningse *Kennisbasis*-onderzoek (KB IV) was er gelegenheid om aan beide doelen tegemoet te komen. Dank gaat uit naar Frank Veeneklaas (Contactpersoon WOt/Planbureau voor de Leefomgeving) voor het kritisch meedenken en aansturen.

Van grote waarde was vooral ook de financiële bijdrage van het Bosschap, het bedrijfschap voor bos en natuur. Daarnaast is dankbaar gebruik gemaakt van de uitkomsten van een samen met en ten kantore van Houthoff Buruma advocaten aan de Amsterdamse Zuid-As georganiseerd seminar over natuurbeschermingsrecht en duurzaamheidstransities. Houthoff Buruma leverde ook een financiële bijdrage aan de totstandkoming van deze uitgave.

De voor dit typisch Wageningse rechtsgebied belangrijkste wettekstfragmenten zijn als bijlagen opgenomen. De grijze tekstboxen zijn bewerkingen van juridische columns die eerder van de auteur verschenen in het *Vakblad Natuur Bos Landschap*.

Het manuscript is afgesloten op 25 februari 2012.

Opmerkingen zijn weer welkom bij de auteur (fred.kistenkas@wur.nl).

Fred Kistenkas
Wageningen/Zeist, februari 2012

Inhoudsopgave

Afkortingen

ABRS	Afdeling Bestuursrechtspraak Raad van State
ADC	Alternatieven, dwingende redenen en compensatie
AMvB	Algemene maatregel van bestuur
APV	Algemene plaatselijke verordening
art.	artikel
avv	algemeen verbindende voorschriften
Awb	Algemene wet bestuursrecht
Barro	Besluit algemene regels ruimtelijke ordening
Bro	Besluit ruimtelijke ordening
Chw	Crisis- en herstelwet
DLG	Dienst Landelijk Gebied
EEZ	Exclusieve Economische Zone
EHS	Ecologische hoofdstructuur
EL&I	Economische zaken, Landbouw en Innovatie
ESD	Ecosysteemdiensten
EU	Europese Unie
e.v.	en volgende
et al.	en anderen
Ffw	Flora- en faunawet
FLEGT	*Forest Law Enforcement Governance + Trade*
FSC	*Forest Stewardship Council*
GLB	Gemeenschappelijk landbouwbeleid
GOP	Gebiedsontwikkelingsplan
GR	Gemeenteraad
GS	Gedeputeerde Staten
g.s.i.	gunstige staat van instandhouding
GVB	Gemeenschappelijk visserijbeleid
Gw	Grondwet
Hrl	Habitatrichtlijn
HvJEG	Hof van Justitie EG
HVR	Habitat- en Vogelrichtlijn
i.c.	*in casu*
IPO	Interprovinciaal overleg
IUCN	*International Union for Conservation of Nature and Natural Resources*
JFf	Journaal Flora en fauna
jo.	*juncto* (in samenhang met)
KRM	Kaderrichtlijn Mariene Strategie

LIS	Limitatief-imperatieve stelsel
LOK	Landschap ontwikkelen met kwaliteit
LNV	Landbouw, Natuur en Voedselkwaliteit
m.e.r.	milieu-effectrapportage
MER	Milieu-effectrapport
MPA	*marine protected areas* (OSPAR)
M & R	Milieu en Recht
MvT	Memorie van toelichting
Nbw	Natuurbeschermingswet
NGO	*Non-governmental organisation*
NP	Nationaal Park
Nsw	Natuurschoonwet
OSPAR	Verdrag mariene milieu noordoostelijke Atlantische Oceaan (Oslo/Parijs verdragen)
PAS	Programmatische Aanpak Stikstofdepositie
PBL	Planbureau voor de Leefomgeving
PIP	Provinciaal inpassingsplan
PKB	Planologische kernbeslissing
PRV	Provinciale ruimtelijke verordening
PS	Provinciale Staten
RA	Reactieve aanwijzing
Rb	Rechtbank
RIP	Rijksinpassingsplan
r.o.	rechtsoverweging
RO	Ruimtelijke ordening
ROr	Raamwet Omgevingsrecht
RVZ	Robuuste verbindingszone
SBP	Soortbeschermingsplan
SBZ	Speciale beschermingszone
SG	Staten Generaal
SGR	Structuurschema Groene Ruimte
Stcrt.	Staatscourant
SVIR	Structuurvisie Infrastructuur en Ruimte
VEU	Verdrag betreffende de Europese Unie
VIBEG	Visserij in beschermde gebieden
VN	Verenigde Naties
VR	Vogelrichtlijn
VROM	Volkshuisvesting, Ruimtelijke Ordening en Milieu
Vvgb	Verklaring van geen bedenkingen
VWEU	Verdrag betreffende de werking van de EU

Wabo	Wet alg. bepalingen omgevingsrecht
WOt	Wettelijke Onderzoekstaken Natuur & Milieu
Wro	Wet ruimtelijke ordening (nieuwe wet)
WRO	Wet Ruimtelijke Ordening (oude wet)
Wtw	Waterwet
Wvg	Wet voorkeursrecht gemeenten

1. Inleiding recht

1.1 Nederlands staatsbestel

Algemeen wordt aangenomen dat het Nederlandse staatsbestel is opgebouwd op basis van het principe van de *drie-machtenleer*, ook wel *trias politica* genoemd. Wetgevende macht (regelgeving), uitvoerende macht (bestuur) en rechterlijke macht (rechtspraak) zouden elkaar in evenwicht houden, opdat geen van drieën de absolute overheidsmacht zou hebben.

De Montesquieu (1689-1755) sprak in dit verband in zijn zowel bestuurskundig als bestuursrechtelijk standaardwerk *De l'esprit des lois* (1748) al van *le pouvoir arrêt le pouvoir*. Dit idee van macht en tegenmacht, ook wel *checks and balances* genoemd, is gemeengoed geworden in vrijwel alle westerse rechtsstaten en is in de meeste grondwetten en constituties gemakkelijk terug te vinden.
Gesproken wordt ook wel van legislatieve macht (wetgeving), executieve macht (bestuur) en judiciële macht (rechtspraak). Intussen is deze machtenscheiding niet overal even scherp meer. Zo dient de executieve thans meer wetsvoorstellen in dan de legislatieve ofwel wetgevende macht. Het bestuur lijkt in het moderne staatsbestel eerder wetgever in eigen zaak: het legislatief initiatief ligt meestentijds bij de executieve.
Wellicht kan men, zeker voor wat betreft de centrale overheidslaag waar wetgever en bestuur niet meer zo Montesquieuaans scherp te scheiden zijn, tegenwoordig beter spreken van een gemengd stelsel, een regimen mixtum[1]. Sommigen spreken zelfs van een duas politica waarbij wetgever en bestuur niet meer gescheiden zouden zijn maar in feite één zogenoemde "politieke macht" zouden zijn gaan vormen. De rechterlijke macht zou dan de tweede macht zijn.

Als wetgevende macht houdt de Staten Generaal (Eerste en Tweede Kamer; bicameralisme) zich samen met de regering bezig met regelgeving, terwijl de regering (ministers en staatshoofd) als hoofdtaak bestuurlijke aangelegenheden heeft. De rechterlijke macht (rechtbanken, Hoge Raad, Afdeling

[1] Vgl. M. de Blois (red.), *Grondslagen van het recht: Hoofdlijnen*, Boom, Den Haag 2010, p. 63-64 en F.H. Kistenkas, *De verlokkingen van een regimen mixtum: tussen monisme en dualisme*, Openbaar bestuur 2001-2, p. 2-6. Zie voorts voor een goede inleiding tot het staats- en bestuursrecht in het licht van het milieurecht: R. Uylenburg, E.M. Vogelezang-Stoute, *Toegang tot het milieurecht. Een inleiding voor niet-juristen*, Kluwer, Deventer 2009 en J.M. de Meij, I.C. van der Vlies, *Inleiding tot het staatsrecht en het bestuursrecht*, Kluwer, Deventer 2004.

Bestuursrechtspraak van de Raad van State) houdt zich bezig met rechtspraak en kunnen de producten van de andere machten (algemeen geldende wetgeving en concrete bestuursbesluiten zoals bijvoorbeeld vergunningen) toetsen aan het recht. Het parlement oftewel de Staten Generaal zou ook weer de regering controleren, zodat sprake is van gedeelde macht.

> Het gaat hier in wezen dus om het concept van controllable government (democratie) als tegenhanger van authoritarian government (autocratie). Constitutionele kenmerken van de eerste zijn dan machtenscheiding, vrije verkiezingen, vrije meningsuiting als grondrecht en een twee- of meerpartijenstelsel.[2]

Deze *drie machtenleer* komen we vervolgens ook weer tegen op decentraal niveau. De wetgevende macht op provinciaal niveau is Provinciale Staten (PS) en de Gemeenteraad (GR) is deze op gemeentelijk niveau. Als uitvoerende macht staan daar respectievelijk Gedeputeerde Staten (GS) en Burgemeester en Wethouders (B&W) tegenover (Tabel 1).

Men zou dus van een dubbele *trias* kunnen spreken. Zowel territoriaal (rijk, provincie, gemeente) als functioneel (regelgeving, bestuur en rechtspraak) is sprake van een machtenscheiding.

Tabel 1. De drie machtenleer.

<table>
<tr><th>Wetgevende macht
regelgeving</th><th>Uitvoerende macht
bestuur</th><th>Rechterlijke macht
rechtspraak</th></tr>
<tr><td>Staten Generaal</td><td>Regering</td><td>Afdeling bestuursrechtspraak Raad van State</td></tr>
<tr><td>Provinciale Staten</td><td>Gedeputeerde Staten</td><td rowspan="2">Rechtbanken</td></tr>
<tr><td>Gemeenteraad</td><td>Burgemeester en wethouders</td></tr>
</table>

[2] L. Lipson, *The great issues of politics*, 9e dr., Prentice Hall, New Jersey 1992.

Volledigheidshalve zou men daarboven ook nog als *supra-nationale* laag de *Europese Unie* kunnen plaatsen met soortgelijke driedeling van regelgeving (Europees Parlement en de Raad van de Europese Unie), bestuur (Europese Commissie) en rechtspraak (Hof van Justitie van de Europese Unie).

1.2 Parlementaire democratie

Het Nederlandse parlementaire stelsel bestaat staatsrechtelijk bezien uit drie elementen:
1. vertrouwensregel;
2. politieke ministeriële verantwoordelijkheid;
3. onschendbaarheid staatshoofd.

De elementen sub 2 en 3 staan ook in de Grondwet (art. 42 Gw). Het eerste element is van ongeschreven staatsrecht gebleven, maar kan worden geformuleerd als: geen minister, staatssecretaris of kabinet kan aanblijven tegen de wil van de meerderheid van het parlement. In de praktijk is het de meerderheid in de Tweede Kamer die het vertrouwen kan opzeggen en wordt deze mogelijkheid voor de Eerste Kamer betwist.

> De Tweede Kamer wordt immers rechtstreeks door het volk gekozen en zou vanwege deze directe democratische legitimatie het laatste woord moeten hebben bij een conflict met (leden van) een kabinet. Deze ongeschreven staatsrechtelijke vertrouwensregel, de hoofdregel van het parlementaire stelsel, heeft zich in Nederland (pas) in 1868 feitelijk doorgezet.

Niet het staatshoofd maar alleen ministers en staatssecretarissen zijn door het parlement ter verantwoording te roepen. Alleen zij zijn politiek verantwoordelijk; het staatshoofd is onschendbaar. Deze politieke verantwoordelijkheid betreft al het handelen (of niet-handelen) van de minister zelf, zijn ambtenaren of rijksdiensten alsmede ook het handelen van het staatshoofd.

Het speelt daarbij geen rol of hij ook schuldig is aan dat handelen. De politieke verantwoordelijkheid betreft in wezen een risico-aansprakelijkheid zonder schuldvereiste. Je bent minister of staatssecretaris en vanuit die functie ben je verantwoordelijk (*functionele verantwoordelijkheid*) ongeacht of je verwijt treft. In de staatsleer heet dat ook wel de *Carrington-doctrine*, naar de Britse minister van defensie die in 1982 aftrad nadat (uiteraard geheel buiten zijn schuld) Argentijnen de Falkland Islands bezet bleken te hebben.

1.3 Decentralisatie

Wanneer bevoegdheden door overheidsorganen die niet tot de centrale overheid behoren worden uitgeoefend, spreekt men van decentralisatie. Nederland wordt geacht een *gedecentraliseerde eenheidsstaat* te zijn. Dat wil dan zeggen dat er onder de hiërarchie van de rijksoverheid ook nog een autonomie zou bestaan voor de provinciale en gemeentelijke overheid.

> Het uitgangspunt is dus duaal: er is zowel autonomie als een hiërarchische onderschikking. Dit doet denken aan het zogenoemde *subsidiariteitsbeginsel* uit het Verdrag van de Europese Gemeenschap (art. 5 EG-Verdrag): lidstaten hebben een autonomie, maar moeten zich wel schikken naar de hiërarchie vanuit Brussel: in principe lidstatelijke autonomie, tenzij de EU optreedt.
> Er is dus vanuit de lagere overheden gezien sprake van een tweetraps-subsidiariteit: er geldt subsidiariteit tussen Europese Unie en lidstaat en er bestaat vervolgens ook weer subsidiariteit tussen centrale en decentrale overheid[3].
> Autonomie zou men kunnen definiëren als de bevoegdheid tot regelgeving en bestuur naar eigen inzicht van de eigen aangelegenheden. Autonomie houdt ook de vrijheid in om iets niet te regelen waar bijvoorbeeld een andere gemeente dat wel doet.

Aldus verkrijgt men een hybride constitutionele orde: men gaat uit van twee contraire noties; enerzijds decentralisatie, anderzijds centralisatie. In wezen is sprake van een *contradictio in adjecto* als *gedecentraliseerde centralisatie*. Andere landen zoals Frankrijk en Engeland noemen zich gewoon gecentraliseerde eenheidsstaat.

Intussen vindt men deze dualiteit voortdurend terug, ook in het domein van het groene recht en beleid. Zo is de Nota Ruimte (2005) uitgegaan van het motto "decentraal wat kan, centraal wat moet" (zie Box 1). Ook in de nieuwe Wet ruimtelijke ordening komt men dit weer tegen. De opvolger van de Nota Ruimte, de ontwerp-Structuurvisie Infrastructuur en Ruimte (SVIR) uit 2011, hanteert als uitgangspunt zelfs een "decentraal, tenzij"-beginsel en spreekt onomwonden van "vertrouwen in medeoverheden".

---

[3] Zie verder M. de Blois (red.), *Grondslagen van het recht: Hoofdlijnen*, Boom, Den Haag 2010, p. 327 en F.H. Kistenkas, *Subsidiariteit: een modelmatige ontmaskering*, Openbaar bestuur 2000-3, p. 2-3.

Box 1. Decentraal wat kan, centraal wat moet.

De nieuwe Wet ruimtelijke ordening (Wro) introduceert een nieuwe bevoegdheid voor provincie en Rijk: zij kunnen met regelgeving doorwerking van rijks- en provinciaal ruimtelijk beleid van gemeenten afdwingen. Ze kunnen met deze zogenoemde "doorzettingsmacht" van provinciale ruimtelijke verordeningen (PRVs) en Algemene Maatregelen van Bestuur (AMvBs) weigerachtige gemeenten overrulen. Een spectaculair voorbeeld is de PRV Oostvaarderwold met wildernisnatuur dwars door Flevoland, veiliggesteld door de provincie. De gemeente Zeewolde, met zijn bijkans voortdurende bouwplannen, stond daarbij volledig langs de zijlijn.
In juridische vakliteratuur wordt deze Wro-bevoegdheid door sommigen in strijd met de Grondwet (Gw) geoordeeld. Constitutionele argumenten worden kennelijk van stal gehaald om het oude regime van gemeentelijke dominantie en autonomie in de ruimtelijke ordening zoveel mogelijk te bestendigen. Artikel 124 Gw zou deze gemeentelijke vrije huishouding ofwel *autonomie* waarborgen. Dit artikel luidt:

Art. 124 Grondwet (autonomie en medebewind)
Lid 1 – Voor provincies en gemeenten wordt de bevoegdheid tot regeling en bestuur inzake hun huishouding aan hun besturen overgelaten
Lid 2 – Regeling en bestuur kunnen van de besturen van provincies en gemeenten worden gevorderd bij of krachtens de wet.

Autonomie (of: zelfbestuur) is echter een vaag rechtsbegrip. Het is net zo'n vaag grondwettelijk begrip is als hiërarchie onder rijk en provincie (in jargon: *medebewind*). Artikel 124 van de Grondwet noemt in het eerste lid inderdaad deze gemeentelijke autonomie, maar noemt meteen in het tweede lid de hiërarchie van rijk, provincie en gemeente (medebewind dus). Simpel gezegd: autonomie gaat over wat gemeenten *mogen* en medebewind over wat zij *moeten*. Beiden bestaan in dit land en niemand weet waar lokale autonomie ophoudt en medebewind begint. Nederland is grondwettelijk gezien een *gedecentraliseerde eenheidsstaat*, maar men kan er meteen aan toevoegen dat eenheid (hiërarchie) en decentralisatie (autonomie) in wezen tegenstrijdig zijn en het staatsrechtelijk principe van gedecentraliseerde eenheidsstaat dus een duaal, vaag, tegenstrijdig en hybride rechtsbeginsel is waar men in de bestuurspraktijk van alledag weinig verder mee komt . Eenduidiger zou het geweest zijn om gewoon uit te gaan van een *gecentraliseerde* eenheidsstaat zoals bijvoorbeeld traditioneel Engeland en Frankrijk doen: je regelt je land vanuit Londen of Parijs en er is alleen gemeentelijk medebewind en geen lokale autonomie. Nederland doet dit dus niet: wij zouden gedecentraliseerd zijn, maar tegelijkertijd is er ook eenheid vanuit Den Haag.
Zowel eenheid als autonomie willen, is in feite zoiets als van twee walletjes willen eten. Is dat erg? Nee, de Europese Unie doet het ook: het verdragsrechtelijke

subsidiariteitsbeginsel gaat ook uit van zowel autonomie (lidstaat) als hiërarchie vanuit Brussel. Het is een zeer lange bijna pan-Europese traditie. Zowel katholieken als calvinisten ("souvereiniteit in eigen kring") kennen dit fenomeen al eeuwenlang, dus het zit er bij ons van beide kanten ingeramd. Over het algemeen genomen kennen Engelsen en Scandinaviers het dus niet (wel protestant, maar respectievelijk Anglicaans en Luthers). De Schotten kennen het weer wel (calvinistische staatskerk en staatsinrichting).
Maar is de nieuwe Wro nu in strijd met de Grondwet? Nee dus, want de Grondwet kent zowel centrale en provinciale doorzettingsmacht als gemeentelijke autonomie, maar geeft niet aan waar die autonomie begint of ophoudt. Dat is overgelaten aan de wetgever en die heeft gesproken; namelijk in de nieuwe Wro van 2008. Provinciale PRVs en landelijke AMvBs bepalen waar die lokale autonomie ophoudt.

1.4 Deconcentratie

Van decentralisatie dient men deconcentratie te onderscheiden. Van deconcentratie is sprake als bevoegdheden worden toebedeeld aan *rijksdiensten*. Deze centrale overheidsdiensten (ook wel "buitendiensten van een departement" genoemd) blijven gewoon verantwoordelijk jegens het rijksorgaan en ambtenaren zijn geen gemeenteambtenaren of provinciale ambtenaren maar *rijks*ambtenaren.

Voorbeelden zijn de VROM-inspectie, Rijkswaterstaat, Belastingdienst en (binnen het ministerie van EL&I, tot 2010 het ministerie van LNV) de Dienst Landelijk Gebied (DLG).

Deconcentratie wordt soms wel eens als het vergeten alternatief voor decentralisatie naar voren geschoven. Zo pleit de Groningse hoogleraar staatsrecht Elzinga[4] voor meer deconcentratie in het openbaar bestuur: "...veel gemeenten hebben de verkeerde schaal om doelmatig te kunnen werken. Deconcentratie ligt dan veel meer voor de hand, vooral omdat deze deconcentratie betrekkelijk vormvrij is en geen dwingende schaal heeft."

Tal van gedecentraliseerde taken zouden voor de laagste overheid steeds beleidsarmer worden. In plaats van decentralisatie naar gemeenten zou deconcentratie dan meer voor de hand kunnen liggen. Er is toch ook

[4] D.J. Elzinga, *Deconcentratie als alternatief*, Binnenlands Bestuur 2010-23, p. 19.

"niemand die er voor pleit om bijvoorbeeld de belastigdienst onder te brengen bij de gemeente of de provincie".

Een te kleine schaal en te weinig expertise kan bijvoorbeeld spelen bij de gemeentelijke ruimtelijke ordening. Steeds vaker wordt het maken en ook de juridische en planologische verdediging van een ontwerp-bestemmingsplan al uitbesteed aan een commercieel stedenbouwkundig bureau (outsourcing). Als een gemeente er niet meer uitkomt en dan maar consultants gaat inhuren, kan dit als een teken van onvermogen en wellicht ook als een democratisch deficit worden gezien.[5]
Een voordeel van deconcentratie is dat ambtenaren gebonden zijn aan nationale aanwijzingen. Dat kan ook een voordeel zijn in de ruimtelijke ordening en het natuur- en landschapsbeleid. In plaats van *outsourcing* van een overheidstaak zou men wellicht dus eerder aan *upscaling* naar een hoger overheidsniveau moeten gaan denken.

1.5 Normenhiërarchie

In het Nederlandse staats- en bestuursrecht wordt een normenhiërarchie gehanteerd. Er is een rangorde van regelgeving. De ene regel is hoger dan de andere en de rechter kan lagere regelgeving toetsen aan hogere regelgeving en bij strijdigheid de lagere regel buiten toepassing en *onverbindend* verklaren.

Naast deze voorrangsregel dat een hogere regeling boven een lagere gaat (het juridische adagium *lex superior derogat legi inferiori*) hanteert de rechter ook nog de regel dat een bijzondere wet boven een algemen(er)e (*lex specialis derogat legi generali*) en een latere wet boven een eerdere gaat (*lex posterior derogat legi anteriori*). Deze laatste twee voorrangsregels gelden slechts tussen regels van gelijke rang, zoals bijvoorbeeld twee wetten of twee gemeentelijke verordeningen. Wanneer een oudere wet een bijzondere regel bevat en een jongere wet een algemene(re) regel, dan gaat de bijzondere oudere wet voor [6].

Een gemeentelijke verordening, in de wandeling ook wel algemene plaatselijke verordening (APV) genoemd, staat samen met de waterschapsverordening helemaal onderaan de rangorde en mag dus niet in strijd komen met alle andere regelgeving van verdrag tot en met provinciale verordening.

---

[5] J. Grijzen, *Outsourcing planning. What do consultants do in regional spatial planning in the Netherlands*, diss. UvA, Amsterdam University Press, Amsterdam 2010.

[6] Daarover nader: M. de Blois (red.), *Grondslagen van het recht: Hoofdlijnen*, Boom, Den Haag 2010, p. 110 en F.H. Kistenkas, *Problemen van regelgeving*, Vermande, Lelystad 1994, p. 5-6.

In Nederland geldt aldus de volgende rangorde van regelgeving:

Internationale regelgeving
1. verdrag;
2. EU-verordening en EU-richtlijn.

Nationale regelgeving
3. Grondwet;
4. wet;
5. Algemene maatregel van bestuur (AMvB);
6. Ministeriële verordening.

Subnationale regelgeving
7. Provinciale verordening;
8. Gemeentelijke verordening (APV) en waterschapsverordening/keur.

Tussen een EU-verordening en een EU-richtlijn was de hiërarchie lange tijd onduidelijk.[7] Aangenomen wordt thans dat er geen hierarchie tussen zit. Het zijn beide Europese "wetgevingshandelingen" van gelijke rangorde. Dus als er in concreto een conflict tussen deze twee rechtsinstrumenten is, dan moet dat met behulp van anderssoortige conflictregels van geval tot geval worden opgelost (dus bijvoorbeeld de voorrangsregel dat een bijzondere wet boven een algemen(er)e (lex specialis derogat legi generali) en een latere wet boven een eerdere gaat (lex posterior derogat legi anteriori).

Deze juridisch lastige discussie zou bijvoorbeeld pregnant kunnen spelen op de Noordzee bij botsing tussen enerzijds de Europese natuurrichtlijnen (zoals de EU-Habitatrichtlijn) en anderzijds de EU-visserijverordeningen van het zogenoemde Gemeenschappelijk visserijbeleid (GVB) van de EU. Van een heldere onderlinge afstemming tussen visserijrecht en natuurbeschermingsrecht alsmede van een duidelijke normenhiërarchie lijkt vooralsnog geen sprake.[8]

Regelgeving kan door de rechter getoetst worden aan (en onverbindend verklaard worden in verband met) regelgeving die tenminste één trede

---

[7] J.H. Jans, L.A.J. Senden, A. Prechal, *Europees Recht- Algemeen Deel. Sinds het Verdrag van Lissabon*, Europa Law Publishing, Groningen 2010, p. 59.

[8] H.M. Dotinga, A. Trouwborst, *Juridische bescherming van biodiversiteit in de Noordzee*, Centrum voor Omgevingsrecht en -beleid/NILOS, Utrecht 2008 en Vereniging van Milieurecht (VMR), *Het dilemma van de Noordzee: intensief gebruik én het grootste natuurgebied van Nederland*, Boom, Den Haag 2010.

hoger staat. Op deze hoofdregel bestaat een belangrijke uitzondering: de wet kan niet getoetst worden aan de Grondwet (art. 120 Grondwet verbiedt dit nog steeds).[9]

Niet alleen de rechter beoordeelt trouwens lagere wetgeving: ook hogere bestuursorganen kunnen dat doen via het interbestuurlijke toezicht (zie bijvoorbeeld de mogelijkheid van vernietiging van gemeentelijke besluiten door de regering: art. 268 Gemeentewet). Een rechterlijke onverbindendverklaring van lagere regelegeving werkt in beginsel alleen tussen de desbetreffende (proces)partijen (zogenoemde *inter partes*-werking), terwijl een vernietiging (repressief toezicht) door de regering van lagere regelgeving impliceert dat de lagere regeling ophoudt te bestaan. Zo'n vernietiging heeft dus een werking ten opzichte van iedereen (*erga omnes*-werking).[10]

Verdragen kunnen *mondiaal* (denk bijvoorbeeld aan een verdrag van de Verenigde Naties) als *regionaal* (bijvoorbeeld van de Europese Unie of van de Raad van Europa) zijn.

Vaak is bij een beleidsector een drielagigheid van mondiale, Europese en nationale normen terug te vinden. Zo werd het Kyoto-protocol bij het VN Klimaatverdrag op Europees niveau weer verder aangescherpt door de EU-emissierichtlijn en op nationaal niveau in Nederland geïmplementeerd door de Wet milieubeheer. Ook is er bijvoorbeeld een lijn van het Ramsar Wetlands-verdrag en de Bonn Conventie naar de Europese Habitat- en Vogelrichtlijn en de nationale Natuurbeschermingswet en Flora- en faunawet.

De nationale Natuurbeschermingswet mag dus niet met de Europese Habitatrichtlijn in strijd zijn, want een wet is lager dan een EU-richtlijn. Bovendien mag er ook geen strijd ontstaan met de EU verdragen. Dat laatste zou bijvoorbeeld kunnen in verband met de Europeesrechtelijke *milieubeginselen* van art. 191 van het Verdrag betreffende de werking van de EU (VWEU) zoals het voorzorgsbeginsel (*precautionary principle*), het beginsel dat de vervuiler

[9] Dit constitutioneel toetsingsverbod ('wetten zijn onschendbaar') van art. 120 Grondwet is inmiddels evenwel omstreden. Zie C.W. van der Pot, *Handboek van het Nederlandse staatsrecht*, Kluwer, Deventer 2006. Overigens geldt ook nog het voorbehoud van art. 93 jo. 94 Grondwet: toetsing aan verdragen en richtlijnen kan alleen als het "een ieder verbindende bepaling" daaruit betreft. Zo zal een verdrags- of richtlijnbepaling naar het oordeel van de rechter inhoudelijk gezien "onvoorwaardelijk en voldoende nauwkeurig" moeten zijn om er als particulier (oftewel: "een ieder") een beroep op te kunnen doen (eis van directe of rechtstreekse werking van verdrags- en richtlijnbepalingen): vgl. A. Nollkaemper, *Kern van het internationaal publiekrecht*, Boom, Den Haag 2011, p. 499 e.v.

[10] M. de Blois (red.), *Grondslagen van het recht: Hoofdlijnen*, Boom, Den Haag 2010, p. 113-114 en F.H. Kistenkas, *Problemen van regelgeving*, Vermande, Lelystad 1994, p. 8-9.

betaalt (*polluter pays*) en het beginsel van een hoog beschermingsniveau rekening houdend met de uiteenlopende situaties in de verschillende regios's (*high level protection & diversity of regions*). Ook noemt art. 191 VWEU bestrijding van klimaatverandering expliciet als doelstelling.

Daarboven staat dan nog het algemene communautaire beginsel van duurzame ontwikkeling (*sustainability*) van economie, maatschappij en milieu (art. 3 lid 3 Verdrag betreffende de Europese Unie, VEU) oftewel een balans tussen de duurzaamheidsaspecten van respectievelijk *profit*, *people* en *planet*.

Verdragstechnisch wordt de Europese Unie thans beheerst door 3 verdragen:

a. VEU: verdrag betreffende de Europese Unie, ook wel Unieverdrag of Verdrag van Maastricht 1992 genoemd, maar onlangs door inwerkingtreding van het Verdrag van Lissabon vernummerd.
b. VWEU: verdrag betreffende de werking van de Europese Unie, ook wel Werkingsverdrag genoemd en rechtsopvolger van het Verdrag van Rome 1957, in de wandeling het EG-Verdrag, inmiddels ook vernummerd.
c. Euratom Verdrag 1957: deze is voor de rechtsontwikkeling h.l. verder te verwaarlozen.

Engelse aanduidingen: VEU = *Treaty on European Union* (TEU) en VWEU = *Treaty on the Functioning of the EU* (TFEU).
Het EG-Verdrag heet sinds 1 december 2009, de datum van inwerkingtreding van het Verdrag van Lissabon, het Verdrag betreffende werking van de EU (VWEU) en als gevolg van het Verdrag van Lissabon is er recentelijk een grootscheepse vernummering van artikelen doorgevoerd. In toelichtende teksten in de rechtsliteratuur moet voorlopig nog gezocht worden onder de oude nummering van het EG-Verdrag (bv. art. 2 en art. 174 EG-Verdrag als voorlopers van resp. art. 3 lid 3 VEU en art. 191 VWEU).[11]Zie voor de tekst van deze artikelen verder Bijlage V achterin dit boek.

[11] Het EU-duurzaamheidsbeginsel (art. 3 lid 3VEU) luidt:"[De Unie] zet zich in voor de *duurzame ontwikkeling* van Europa, op basis van evenwichtige *economische* groei (...), een sociale markteconomie met een groot concurrentievermogen die gericht is op (...) *sociale* vooruitgang, en van een hoog niveau van bescherming en verbetering van de kwaliteit van het *milieu*. (...) De Unie bevordert de economische, sociale en territoriale samenhang, en de solidariteit tussen de lidstaten." L. Krämer, *EC Environmental Law*, Sweet and Maxwell, London 2003, p. 5 e.v. wijst op art. 2 en 174 als de basis van het hele EU milieubeleid en merkt op dat art. 2 (*sustainable development principle*) ook echt een EU-beginsel is ingevolge de preambule van VEU. Over de zogenoemde milieutitel van art. 191 VWEU (art. 174 oud): N. de Sadeleer, *Environmental principles*, Oxford University Press, Oxford 2002.

Uiteindelijk moet nationale ofwel lidstatelijke wetgeving (en ook de daarop gebaseerde uiteindelijke vergunningverlening in concreto) dus voldoen aan richtlijnen en verdragsbepalingen, waarbij ingevolge de normenhiërarchie geldt dat die verdragsbepalingen weer van hogere orde zijn dan de richtlijnbepalingen. Nationale rechtspraak ziet hierop toe maar uiteindelijk ook de rechtspraak van het Hof van Justitie (*European Court of Justice*). Met een focus op het Europese milieurecht verkrijgen we aldus het toetsingsschema in Figuur 1.

Een interessante vraag binnen het huidige natuurbeschermingsrecht zou nu kunnen zijn of de eenzijdige habitattoets (eenzijdige toetsing op ecologische ofwel *planet*-aspecten) uit de EU-Habitatrichtlijn (en ook de nationale Natuurbeschermingswet) zich wel verdraagt met het gebod van weging van zowel economische, maatschappelijke als ecologische aspecten als bedoeld in het hiërarchisch hogere art. 3 lid 3 VEU (duurzaamheidsbeginsel). Waar het VEU in art. 3 meer op een (meerzijdige) weging lijkt te duiden, vraagt de lagere Habitatrichtlijn juist om een (eenzijdige) toetsing.

> Een dergelijke afweging past wellicht ook beter bij moderne inzichten dat natuur niet alleen beschermd (planet) moet worden maar soms onder omstandigheden ook gebruikt (profit) en beleefd (people) zou moeten kunnen

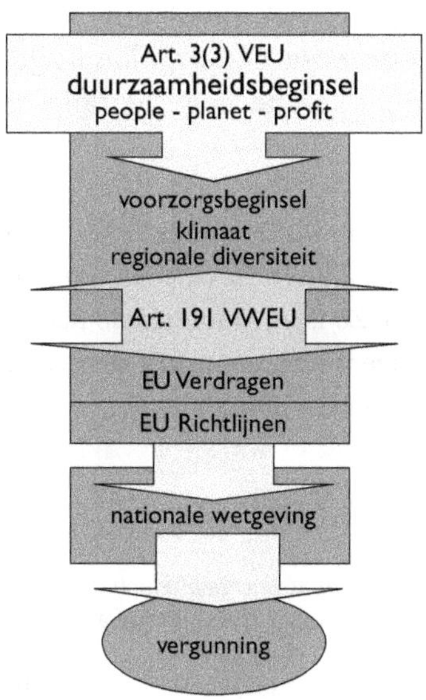

Figuur 1. Toetsingsschema Europees milieurecht.

worden. Het streven naar duurzame gebiedsontwikkeling zoals onder meer terug te vinden is in art. 3 lid 3 VEU plaatst de rechtsvindingsmethode van de habitattoets (toetsing op enkel ecologische instandhoudingsdoelstellingen) in een kritisch daglicht. Via weging zou, eerder dan bij toetsing, bijvoorbeeld ook plaats kunnen zijn voor duurzame energieproductie (bijvoorbeeld windfarming) in en rond sommige natuurgebieden.[12] Dit klemt te meer nu er intussen ook een EU-richtlijn (2009/28/EG) is waarbij Nederland zich heeft verplicht 14% van het totale energieverbruik in 2020 uit hernieuwbare energiebronnen te zullen halen. Niet duidelijk is wat men bij botsing van hiërarchisch gelijkwaardige EU-richtlijnen moet doen (Habitatrichtlijn 1992 en Hernieuwbare energiebronnen-richtlijn 2009). Mogelijk biedt dan het hiërarchisch hogere art. 3 lid 3 VEU een oplossing via een duurzaamheidsweging.

De rechter zou de habitattoets uit de Habitatrichtlijn (art. 6) kunnen toetsen aan het hogere art. 3 VEU en bij strijdigheid zou hij het lagere art. 6 van de Habitatrichtlijn dus buiten toepassing kunnen laten (als zijnde onverbindend) en de weging van art. 3 VEU kunnen laten prevaleren. Tot nog toe is een dergelijk verzoek nog niet bij een rechter (nationale rechter en/of Hof van Justitie) uitgeprobeerd.[13]

1.6 Richtlijnen en verordeningen

Richtlijnen (in het Engels: *directives*) en verordeningen (*regulations*) zijn producten van de Europese Unie. Beiden zijn *secundair* EU-recht: ze ontlenen hun bestaansrecht aan de hoger gerangschikte EU verdragen (die dus primair EU-recht zijn).

Richtlijnen zijn gebaseerd op en ondergeschikt aan het EU verdragenrecht. Men onderscheidt *kaderrichtlijnen* en *dochterrichtlijnen* die weer een uitwerking zijn van die kaderrichtlijn. Zo is bijvoorbeeld de Kaderrichtlijn Luchtkwaliteit gebaseerd op het verdragenrecht en wordt deze kaderrichtlijn weer uitgewerkt door een aantal dochterrichtlijnen.

---

[12] F.H. Kistenkas, *Natuur en duurzame energieproductie. Windturbines in natuurgebieden*, in: Wetgevingscommentaar Flora- en Faunawet (F05), paragraaf 8.8 (3-2010) Aanv. 41, Sdu uitgevers, Den Haag 2010, p. 8.8-1 t/m 8.8-12.

[13] Niet ondenkbaar is immers dat de rechter aan deze verdragsbepaling rechtstreekse werking ontzegt (zie verder A. Nollkaemper, *Kern van het internationaal publiekrecht*, Boom, Den Haag 2011, p. 499 e.v.) alsdan kan door de rechter geen toetsing van lager recht aan deze verdragsbepaling plaatsvinden.

Een richtlijn richt zich tot de lidstaten en geeft aan wat en binnen welke termijn iets geregeld moet zijn in nationale regelgeving. De lidstaten hebben daarbij enige beleidsruimte in verband met de open begrippen en soms zeer ruime kaders in de richtlijn. Hier zien we het subsidiariteitsprincipe weer terug: er is binnen de hiërarchie toch ook weer beleidsruimte. Het is in wezen een *hybride rechtsinstrument*: Brusselse hiërarchie en lidstatelijke autonomie in één instrument verenigd.

Kenmerk van een richtlijn is dat deze in principe niet rechtstreeks naar de burgers van een lidstaat werkt, maar eerst moet worden omgezet in nationale wetgeving (*implementatie*). Een EU-verordening werkt daarentegen rechtstreeks in de nationale rechtsorde. Er is geen implementatiewetgeving nodig. De Natuurbeschermingswet en de Flora- en Faunawet zijn voorbeelden van implementatiewetgeving van de Habitatrichtlijn en Vogelrichtlijn van de EU.

Een voorbeeld van een EU-verordening is *Forest Focus*; een verordening inzake bewaking en bescherming van bossen. In deze verordening zijn zaken geregeld als brandpreventie, doorlopende evaluatie van de doeltreffendheid van bewakingsactiviteiten, monitoringsprogramma's en informatiesystemen voor bosbranden.
Niet duidelijk is waarom soms voor een richtlijn en dan weer voor een verordening wordt gekozen. Meestal zijn richtlijnen minder uitputtend in het normeren en bevatten verordeningen meer een uitputtende regeling. Zo is bijvoorbeeld de nieuwe generatie milieurichtlijnen (Kaderrichtlijn Water en Kaderrichtlijn Mariene Strategie) minder normatief dan bijvoorbeeld Forest Focus, maar er bestaan ook (oudere) milieurichtlijnen die uitputtend en zeer normatief zijn (Nitraatrichtlijn).[14]

1.7 Wetgeving

Een jurist gebruikt de term wetgeving zowel voor *algemeen verbindende voorschriften* (kortweg: *a.v.v.*) als voor *parlementaire wetten*. De eerste categorie omvat dan alle regelgeving die een ieder verbinden. Dat is ook lagere wetgeving zoals bijvoorbeeld gemeentelijke wetgeving. Meestal gebruikt de jurist dan de term *wet in materiële zin*.

[14] M.G.G. Neven, E. Turnhout, M.J. Bogaardt, F.H. Kistenkas, M.W. van der Zouwen, *Richtingen voor richtlijnen. Interacties tussen Nederland en de Europese Commissie in de implementatie van Europese milieurichtlijnen*, WOt-rapport 25, Wageningen 2006.

> Ook een gemeentelijk bestemmingsplan wordt gezien als een algemeen verbindend voorschrift (oftewel een wet in materiële zin). Gesproken wordt dan ook wel van de gemeentelijke planwetgever. Aangenomen wordt dat in de normenhiërarchie een bestemmingsplan op gelijke hoogte staat als een APV.

Een parlementaire wet van de nationale overheid noemt hij dan een *wet in formele zin*. De meeste formele wetten zijn tegelijk ook materiële wetten, want ze zijn algemeen verbindend, maar niet alle materiële wetten zijn formele wet. Een APV of een provinciale verordening, maar ook een AMvB is een materiële wet niet zijnde een formele wet.

Een AMvB is een besluit van de regering, dat niet het zware wetgevingstraject van een nationale wet (wet in formele zin) heeft doorlopen. Het is zeer gebruikelijk om in een *wet in formele zin* aan de regering een uitwerkingsbevoegdheid te geven (*delegatie*) om iets nader bij AMvB te regelen. Zo wordt de Wet ruimtelijke ordening (Wro) nader op detailpunten uitgewerkt in een AMvB, zoals het Bro (Besluit ruimtelijke ordening) of de *AMvB Ruimte* (ook wel genoemd: Besluit algemene regels ruimtelijke ordening).

Een nationale wet (wet in formele zin) heeft het zware wetgevingstraject van departement, ministerraad, advies Raad van State, Tweede Kamer, Eerste Kamer, bekrachtiging, bekendmaking Staatsblad en inwerkingtreding doorlopen. Deze wetten zijn overigens allemaal gemakkelijk te raadplegen op www.wetten.overheid.nl.

De opbouw van een wettekst is doorgaans: *considerans* (overwegingen die tot de wet geleid hebben, mogelijk interessant voor de interpretatie van de wetsartikelen), definitiebepaling (meestal art. 1 van de wet), *corpus* (de eigenlijke wetsartikelen), overgangsrecht en citeertitel (meestal de te gebruiken naam van de wet).

De definitiebepaling is van groot belang omdat in het corpus de verschillende begrippen niet meer worden uitgelegd. Zo geeft art. 1 sub m van de Natuurbeschermingswet (Nbw) een definitie van *Natura 2000* en geeft art. 1 sub f van de Wet ruimtelijke ordening (Wro) een definitie van de term *projectbesluit*.

Ook wordt daarin bepaald wie precies bedoeld wordt met "Onze Minister". In de Wro is dat bijvoorbeeld de minister van Infrastructuur en Milieu en in de Nbw is dat de minister van Economische zaken, Landbouw en Innovatie.

Tegenover wetgeving in de zin van algemeen verbindende voorschrift (a.v.v.) staat ook nog de term *pseudowetgeving* gebruikt. Pseudowetgeving (oftewel *beleidsregels*) lijkt op wetgeving, maar is dat niet omdat een bestuursorgaan geen regelgevende bevoegdheid heeft gekregen van een formele wet. Er is wel een bestuursbevoegdheid (bijvoorbeeld vergunningverlening of het opleggen van een belastingaanslag). Deze heeft het bestuursorgaan als het ware ingekaderd door middel van regels. Een ruimtelijke structuurvisie van een gemeente, provincie of het rijk of een (beleids)nota is een voorbeeld van een beleidsregel. Als vuistregel kan men aanhouden dat alle regelgeving uit de normenhiërarchie van Paragraaf 1.5 algemeen verbindende voorschriften zijn en alles wat daar buiten valt dus pseudowetgeving is. Dat geldt dus ook voor Brusselse beleidsstukken als *communications*, *white papers* en *guidance documents* van de Europese Commissie. Alhoewel beleidsmatig van belang is het juridisch slechts *soft law* en zijn het geen algemeen verbindende voorschriften (*hard law*).

1.8 Tweedeling recht

Privaatrecht versus publiekrecht is een bekend onderscheid in de rechtswetenschap. Het recht wordt als het ware in tweeën gesplitst. Er is het *privaatrecht* en er is het *publiekrecht*. Het privaatrecht (ook wel *civiele recht* genoemd) betreft het recht tussen burgers onderling (zoals koopovereenkomsten, arbeidscontracten, eigendom) en het publiekrecht betreft het recht tussen burger en overheid of tussen overheden onderling. Het publiekrecht wordt dan vaak weer onderverdeeld in bestuursrecht en strafrecht. Wanneer we het hebben over het ruimtelijke ordeningsrecht en onderdelen van het milieurecht als het landschaps- en natuurbeschermingsrecht dan betreft dit in hoofdzaak bestuursrecht.

> In het privaatrecht gaat het dus om (in principe gelijkwaardige) *horizontale* relaties tussen burgers onderling, terwijl het bij publiekrecht om *verticale* relaties tussen burger(s) en overheid gaat. Een overheidsorgaan kan echter ook aan het rechtsverkeer deelnemen als privaatrechtelijke rechtspersoon; bijvoorbeeld een gemeente die kantoormeubilair aanschaft. Aldus begeeft de gemeente zich in een civielrechtelijke en horizontale rechtsverhouding.

Boven het milieu- en ruimtelijke ordeningsrecht en andere delen van het bestuursrecht zoals bijvoorbeeld het belastingrecht is er nog een overkoepelend algemeen bestuursrecht met daarin de regels en beginselen (zoals de *beginselen van behoorlijk bestuur*) die voor het gehele bestuursrecht gelden.

Deze staan sinds het midden van de jaren negentig van de vorige eeuw in de *Algemene wet bestuursrecht* (Awb).

Het milieurecht bestaat naar schatting uit zo'n 50 wetten en om enig overzicht te scheppen, wordt wel gesproken van het *grijze* milieurecht (met name wetten voor de industrie zoals de Wet bodembescherming of de Wet milieugevaarlijke stoffen), het *blauwe* milieurecht (wetten die met water te maken hebben) en het *groene* milieurecht (de wetten die met natuur en landschap te maken hebben, zoals de Natuurbeschermingswet, de Boswet en de Flora- en faunawet). Het ruimtelijke ordeningsrecht (kortweg: RO-recht) wordt ook wel het *rode* wetgevingspoor genoemd. RO- en milieurecht tezamen duidt men tegenwoordig vrij algemeen aan met de term *omgevingsrecht*.

Deze kleuren geven ook de verschotting en nog altijd zeer *sectorale benadering* van het omgevingsrecht aan. Je hebt het groene spoor en je hebt het rode spoor met elk zijn eigen wetten en vergunningen en soms heb je voor hetzelfde project ook nog te maken met het blauwe of het grijze spoor met ook weer zijn eigen wetten en vergunningstelsels.

Soms is er voor één project een tiental vergunningen nodig. Er zijn immers vele sectorale wetten met eigen vergunningstelsels, eigen plankaarten, eigen afwegingskaders en verschillende bevoegde bestuursorganen. De laatste tijd is er succesvol gepleit voor één integrale omgevingsvergunning in plaats van de talloze sectorale vergunningen als bouwvergunning of aanlegvergunning (rode spoor), milieuvergunning (grijs) en Nbw-vergunning (groene spoor). Dit streven heeft inmiddels geleid tot de *Wet algemene bepalingen omgevingsrecht* (Wabo). In de Wabo wordt een procedurele integratie beoogd: één aanvraag bij één loket die via één procedure tot één vergunning leidt (de zogenoemde *omgevingsvergunning*).

1.9 Rechtspraak

Het lezen van rechterlijke uitspraken (*jurisprudentie*) is van groot belang in de juridische wetenschap omdat de rechter in zijn vonnissen en arresten uitleg geeft van de wet en deze soms ook buiten toepassing laat omdat er strijd is met hogere regelgeving. Er geldt immers, zoals we eerder zagen, een normenhiërarchie.

Regels kunnen niet alles regelen en er zullen altijd lacunes of onduidelijkheden in de wettekst zijn, die door de wetgever zelf of door de rechter opgelost moeten worden.

In het bestuursrecht is de Afdeling Bestuursrechtspraak van de Raad van State (ABRS) de hoogste rechter. De uitspraken van de ABRS zijn allemaal te vinden op www.raadvanstate.nl.[15] De opbouw van de uitspraak is altijd dezelfde:

1. procesverloop;
2. rechtsoverwegingen;
3. beslissing (*dictum*).

Uitspraken zijn geschreven om een rechtsgeschil tussen de procespartijen op te lossen en niet om aan derden iets op toegankelijke wijze uit te leggen. De leesbaarheid van de soms lange uitspraken is niet altijd groot, maar het helpt vaak om te beginnen met het eind (het *dictum*) en dan via de eindconclusies (de laatste rechtsoverwegingen) naar boven te lezen.

Hoger nog dan de ABRS is het Hof van Justitie van de Europese Gemeenschap (HvJEG). Zijn uitspraken zijn te vinden op www.curia.eu.int.[16]

1.10 Juridische sturing

In de bestuurskunde wordt juridische sturing van groot belang geacht vanwege het dwingende karakter, maar deze sturing is beslist niet de enige vorm van overheidssturing. Naast juridische sturing via wetgeving en rechtspraak kan men ook nog onderscheiden tussen *planologische sturing* (via ruimtelijke plannen), *financieel-economische* sturing (subsidies) en *communicatieve* ofwel consensuele sturing. Een *sturingsmix* van alle vier de sturingsinstrumenten zou in de regel de beste beleidsprestaties opleveren.

Zowel in de bestuurskunde als het bestuursrecht wordt gewezen op het belang om naast dwingende juridische instrumenten ook zachtere instrumenten in te zetten. In zowel leerboeken milieurecht als milieubeleid wordt erop gewezen om naast de zweep ook de peen voor te houden (*sticks and carrots*). Naast de juridische hardheid (de juridische doctrine spreekt ook wel van *command and control regulation*) zou ter wille van de beleidseffectiviteit ook een subsidieregeling, een beleidsnota, een website, brochure of een folder, draagvlakontwikkeling kortom een policy mix ingezet moeten

[15] Als men op de website via het *archief* doorklikt naar *uitspraken* (vervolgens *hoofdzaken* aanklikken en daarna achtereenvolgens klikken op *zoeken* en *uitspraken*) kan men eenvoudigweg de desbetreffende uitspraak raadplegen door de datum in te tikken (evt. gevolgd door in het zoekvenster bijvoorbeeld nog *Habitatrichtlijn, ecologische hoofdstructuur, landschap* en/of *flora fauna* in te vullen).

[16] Op de Nederlandstalige versie van de website klikt men op *rechtspraak*, daarna *zoekformulier*. Tenslotte datum en/of zaaknummer invoeren.

worden (*complementary combinations*). De term *smart regulation* wordt voor deze mix ook wel gebruikt. In het omgevingsrecht is het juridische sturingsmodel aanvankelijk dominant geweest. Daarna kwamen ook andere sturingsinstrumenten in zwang (*governance*) en kwam, zeker met betrekking tot het natuur- en landschapbeleid, het accent meer op stimulerend beleid te liggen [17].

> Tegenwoordig komt men evenwel ook beleidssectoren tegen waarbij men juist (al dan niet opzettelijk) verzuimd heeft ook aan juridische sturingsinstrumenten te denken. Meestal blijkt het beleid dan uiteindelijk niet afdwingbaar. Zo bezitten grote delen van het cultuurhistorisch beleid, het landschapsbeleid en het Nationale Parken-beleid een juridisch deficit[18]. Lange tijd kende het beleidsconcept van de ecologische hoofdstructuur (EHS) wel financiële sturing (subsidiepakketten) en planologische sturing (streekplannen en structuurvisies), maar was er ook daar geen juridische sturing. Met nieuwe instrumenten als de Provinciale Ruimtelijke Verordening en de (uitbreiding van de) AMvB Ruimte lijkt dit nu anders te (gaan) liggen (zie daarover het volgende hoofdstuk).

Was er de laatste tijd sprake van een verschuiving (*shift*) van government (met veel juridische sturing: *command and control*) naar zachtere governance, thans lijken we weer aan het begin te staan van een omgekeerde shift: naast stimulerende beleidsarrangementen ook weer meer dwingend beleid (*beyond governance*). Met name ook in verband met het tegengaan van klimaatverandering wordt wel gepleit voor meer dwingend recht (klimaatrecht) van vooral ook hogere overheidslagen[19].

---

[17] Ch. Backes, P.C. Gilhuis, N.S.J. Koeman, *Milieurecht*, Kluwer, Deventer 2006, p. 16 e.v. en P. Glasbergen (red.), *Milieubeleid*, VUGA, Den Haag 1994, p.221 e.v. Voorts: N. Gunningham, P. Grabosky, *Smart regulation. Designing environmental policy*, Oxford University Press, Oxford 1998, *passim* en meer toegespitst op bosbeleid: P. van Gossum, B. Arts, K. Verheyen, *"Smart regulation": Can policy instrument design solve forest policy aims of expansion and sustainability in Flanders and the Netherlands?*, Forest Policy and Economics 2012, p. 23-34.

[18] F.H. Kistenkas, *Pleidooi voor meer afdwingbaarheid*, Landschap 2008-2, p. 87-91 en *Juridische hardheid en cultuurhistorisch beleid*, Openbaar bestuur 2006-6/7, p. 19-21. Anders: S. van Opstal, *Pleidooi tegen verdere juridisering*, Landschap 2009-1, p. 50-52. Het cultuurhistorische Belvederebeleid (1999-2009) bezat nooit enige vorm van juridische sturing, maar in de AMvB Ruimte (2011) vinden we intussen wel enige vorm van rechtsbescherming voor sommige landschappelijke en cultuurhistorische waarden, zie F.H. Kistenkas, M.E.A. Kistenkas, *Nieuwe AMvB Ruimte: landschappelijk erfgoed eindelijk juridisch beschermd*, Vitruvius 2012-2, p. 22-25.

[19] *Cf.* T. Bonyhady, P. Christoff, *Climate law in Australia*, The Federation Press, Sydney 2007, *passim* en Vereniging voor Milieurecht, *Juridische aspecten van klimaatverandering*, Boom, Den Haag 2009, *passim*.

2. Ruimtelijk ordeningsrecht

2.1 Van WRO (oud) naar Wro (nieuw)

Vanaf 1 juli 2008 heeft Nederland een geheel vernieuwde Wet ruimtelijke ordening (Wro). Alhoewel het blijkens de considerans van de Wro de bedoeling was om een vereenvoudiging door te voeren, valt op dat in vergelijking met de oude Wet Ruimtelijke Ordening (WRO; met drie hoofdletters conform de wettelijke citeertitel) er een onoverzichtelijk instrumentencomplex is opgebouwd en vooral dat het aantal instrumenten juist verveelvoudigd is. Met name de positie van de provincie wordt hierdoor versterkt. De stelling lijkt verdedigbaar dat de ruimtelijke ordening te onzent een sterk provinciaal karakter zal kunnen gaan krijgen en zal kunnen gaan regionaliseren[20].

Van de klassieke trits van de WRO (*planologische kernbeslissingen* (PKBs) van het rijk, *streekplannen* van de provincie en *bestemmingsplannen* van de gemeente), blijft in essentie in de nieuwe Wro alleen het bestemmingsplan bestaan. Zowel op rijksniveau als op provinciaal niveau zien we in plaats van respectievelijk PKB's en streekplannen een vijftal nieuwe instrumenten, te weten: inpassingsplan, AMvB/provinciale ruimtelijke verordening, aanwijzing, structuurvisie en projectbesluit (Tabel 2).

Naast het bestemmingsplan kent ook de gemeente een aantal nieuwe instrumenten: beheersverordening, structuurvisie en projectbesluit. Projectbesluiten zijn inmiddels al weer opgegaan in de omgevingsvergunning van de Wabo (Wet algemene bepalingen omgevingsrecht uit 2010) en zouden dus eigenlijk *omgevingsvergunning in afwijking van het bestemmingsplan* genoemd moeten worden. In de bestuurspraktijk worden ze meestal kortweg afwijkingsbesluit of *Wabo-projectbesluit* genoemd.

Onderstaand schema geeft niet alleen in één oogopslag de essentie van de hele Wro weer, maar is ook van belang voor het overgangsrecht van de oude thans nog vigerende plannen. De hoofdregel van overgangsrecht (transitie van oude WRO naar nieuwe Wro) is dat de nog rechtsgeldig onder de oude

[20] *Cf.* D.A. Kamphorst, M. Pleijte, F.H. Kistenkas, P.H. Kersten, *Nieuwe Wro: nieuwe bestuurscultuur? Voorgenomen provinciale inzet van de nieuwe Wro voor het landelijk gebied*, WOt-rapport 69, Wageningen 2008.

Tabel 2. Vergelijking oude WRO met nieuwe Wro.

Overheid	WRO (oud)	Wro
Rijk	planologische kernbeslissing (PKB)	rijksinpassingsplan (RIP)
	Nimby/interventie	Algemene Maatregel van Bestuur (AMvB)
		aanwijzing
	rijksproject	structuurvisie
		projectbesluit
Provincie		prov. inpassingsplan (PIP)
		prov. ruimtelijke verordening (PRV)
	goedkeuring bestemmingsplan	aanwijzing
	streekplan	structuurvisie
		projectbesluit
Gemeente	bestemmingsplan	bestemmingsplan
		beheersverordening
	structuurplan	structuurvisie
	art. 19-vrijstelling	projectbesluit

WRO tot stand gekomen plannen gelijk worden gesteld met de daarmee corresponderende (zie schema) nieuwe planfiguren uit de Wro.[21]

> Veel ruimtelijke plannen zijn nog tot stand gekomen onder de oude WRO. Er is daarom in de nieuwe Wro overgangsrecht van toepassing. Hoofdregel van overgangsrecht is dat onder de oude WRO tot stand gekomen plannen gelijk worden gesteld met de daarmee corresponderende nieuwe planfiguren uit de nieuwe Wro[22]. PKBs, streekplannen en structuurplannen worden aldus gelijkgesteld met respectievelijk rijks-, proinciale en gemeentelijke structuurvisies. Vooral in het buitengebied lijkt actualisering van plannen achter te lopen. Stedelijke gebieden waar nog veel ruimtelijke ontwikkelingen worden voorzien krijgen vaak voorrang.[23]

[21] A.A.J. de Gier, *De nieuwe Wro in werking*, Tijdschrift voor Administratief Recht 2008-9, p. 373 e.v.
[22] A.A.J. de Gier, *De nieuwe Wro in werking. Een overzicht op hoofdlijnen van de invoeringswetgeving behorende bij de Wro*, Tijdschrift voor Agrarisch Recht 2008, p. 369-374.
[23] PBL, *Ex-durante evaluatie Wet ruimtelijke ordening: tweede rapportage*, Den Haag 2012, p. 46.

2.2 Hoofdlijnen WRO (oud)

Van de planhiërarchische trits van PKB van de rijksoverheid (ook bekend onder namen als nota's, structuurschema's en structuurschetsen), provinciaal streekplan en gemeentelijk bestemmingsplan was traditioneel alleen het gemeentelijke bestemmingsplan juridisch bindend. De plankaart en de planvoorschriften van het bestemmingsplan hadden (en hebben ook onder de nieuwe Wro) de status van *algemeen verbindend voorschrift* en hadden daarmee de juridische hardheid van lagere wetgeving. Zowel overheid als burger waren hieraan gebonden. Deze bindende werking kwam met name tot uitdrukking in het feit dat aanvragen voor bouwvergunningen altijd moesten worden getoetst aan het bestemmingsplan: het zogenoemde *limitatief-imperatieve stelsel* (kortweg: LIS) van art. 44 Woningwet (oud). De reguliere bouwvergunning mocht alleen (limitatief) en moest (imperatief) worden geweigerd, indien het bouwplan in strijd was met het bestemmingsplan en de andere eisen uit de Woningwet.

Dit LIS is thans nog steeds van kracht en is sinds 2010 terug te vinden in de nieuwe Wet algemene bepalingen omgevingsrecht (Wabo). Ook voor de nieuwe omgevingsvergunning (waar de oude bouwvergunning in is opgegaan) van de Wabo geldt weer een limitatief-imperatief stelsel en ook onder de nieuwe Wro heeft het bestemmingsplan weer de belangrijke juridische status van algemeen verbindend voorschrift. De belangrijkste toetsingsgrond bij de oude bouwvergunning was traditioneel altijd het vigerende bestemmingsplan, maar ook bij de nieuwe omgevingsvergunning en het nog steeds geldende LIS zal het bestemmingsplan weer van groot belang zijn.

Hoofdregel is dat voor het bouwen van een bouwwerk een (omgevings) vergunning nodig is (art. 2.1 lid 1 sub a Wabo). Art. 2.10 Wabo bevat met betrekking tot het bouwen van bouwwerken net als bij de oude bouwvergunning ook voor de nieuwe omgevingsvergunning het limitatief-imperatieve stelsel (LIS) van weigeringsgronden. Zo zal er weer getoetst moeten worden aan het bestemmingsplan, aan de gemeentelijke bouwverordening en aan "redelijke eisen van welstand", maar ook aan de nieuwe Wro-instrumenten van beheersverordening, inpassingsplan (onder bestemmingsplan wordt ex art. 1.1 Wabo ook het provinciaal inpassingsplan en het rijksinpassingsplan gerekend), provinciale ruimtelijke verordening (PRV) of AMvB.
Dit stelsel van een beperkt aantal dwingende weigeringsgronden wordt het LIS genoemd: limitatief slaat op de uitputtende opsomming van weigerings-

gronden en imperatief wil zeggen dat de wet dwingend voorschrijft wanneer de vergunning moet worden verleend of geweigerd. Deze verguning zou men aldus een *gebonden beschikking* kunnen noemen.[24]

Ook de welstandstoets keerde derhalve weer terug in het LIS van de Wabo (zie art. 2.10 lid 1 sub d). Een welstandscommissie heeft overigens slechts een adviserende en signalerende taak met betrekking tot "redelijke eisen van welstand" (uiterlijk of plaatsing van het geplande bouwwerk). Meestal zal een gemeente een welstandsnota hebben met beleidsregels waarin criteria zijn opgenomen die burgemeester en wethouders toepassen bij hun beoordeling, maar het laatstgenoemde college kan van oordeel zijn dat de vergunning niettemin moet worden verleend. De gemeente kan dus afwijken van haar eigen beleidsregels. De welstandstoets is dus eigenlijk slechts een welstands*advies* waar men van kan afwijken.

Voor niet-bouwwerken (zoals bijvoorbeeld het dempen of graven van een sloot) kan soms ingevolge het bestemmingsplan, beheersverordening of exploitatieplan ook nog een omgevingsvergunning verplicht zijn (de vroegere aanlegvergunning). Ook hiervoor geldt trouwens een limitatief-imperatief stelsel.

Streekplan en PKB hadden slechts de werking van zelfbinding voor respectievelijk provincie en rijksoverheid en zouden hooguit indicatieve werking hebben voor de lagere overheden. Via de rechtsfiguur van het preventieve toezicht (provinciale *goedkeuring* van bestemmingsplannen ex art. 28 WRO) speelde het streekplan echter een belangrijke rol bij de toetsing van bestemmingsplannen.

Het gemeentelijk structuurplan bond in tegenstelling tot het bestemmingsplan de burgers niet. De juridische betekenis was in beginsel uiterst beperkt. Het plan had meer een ontwikkelingsfunctie waarbij de gemeenteraad zijn visie op het toekomstige ruimtelijke beleid gaf.

Het structuurplan kon wel weer een rol vervullen bij de toepassing van vrijstellingen van het bestemmingsplan ex art. 19 lid 1 WRO: de beruchte *art. 19-procedures* die voor concrete projecten de vigerende bestemmingsplannen opzij schoven. De verplichte "goede ruimtelijke onderbouwing" kon worden geadstrueerd aan de hand van het structuurplan.

---

[24] P.J.J. van Buuren, A.A.J. de Gier, A. Nijmeijer, J. Robbe, *Hoofdlijnen ruimtelijk bestuursrecht*, Kluwer, Deventer 2009, p. 199 e.v.; M.N. Boeve, V.M.Y. van 't Lam, *Omgevingsrecht*, Europa Law Publishing, Groningen 2009 en M.A.M.C. van den Berg, A.G. Bregman, M.A.B. Chao-Duivis, H. Langendoen, *Bouwrecht in kort bestek*, Instituut voor Bouwrecht, Den Haag 2010.

Art. 19-vrijstellingen doorbraken het vigerende bestemmingsplan en werden gezien als een zelfstandig projectbesluit. Ruimtelijk beleid wordt in dit land niet alleen op basis van plannen gevoerd, maar ook door middel van projectbesluitvorming die deze plannen in concrete gevallen weer opzij kan zetten.

Het is een oud discussiepunt in de ruimtelijke ordening: plan of *ad hoc* projectbesluit? De WRO is vanouds uitgegaan van de dominantie van het bestemmingsplan en dus van het model van de planmatige besluitvorming. De art. 19-vrijstelling (projectmatige besluitvorming buiten het bestemmingsplan om, vandaar ook wel buitenplanse vrijstelling genoemd) heeft echter eveneens vanouds een belangrijke uitzondering op dit uitgangspunt ingehouden. Ook de rijksprojectenprocedure en de nimby-vrijstelling (*not in my backyard*) kunnen worden gezien als *projectbesluiten* binnen de WRO. Ook buiten deze WRO-projectbesluiten bestaan er nog specifieke *projectwetten* (zoals de Tracéwet, Ontgrondingenwet, Reconstructiewet, Wet 5e Baan Schiphol etc.) op basis waarvan gemeentelijke bestemmingsplannen overruled kunnen worden.

De WRO bevatte nog verschillende instrumenten voor het rijk om te interveniëren in gemeentelijk en provinciaal ruimtelijk beleid, waar in de praktijk overigens niet veel gebruik van werd gemaakt. Gewezen kan worden op de aanwijzingsbevoegdheid ex art. 37 WRO en de vervangingsbevoegdheid ex art. 29 WRO. De minister van VROM kon voorzover een juiste uitvoering van het regeringsbeleid de totstandkoming van planologische maatregelen vordert, de gemeenteraad verplichten een bestemmingsplan vast te stellen of te herzien. Bovendien kan de minister hierbij aanwijzingen geven over de inhoud van het bestemmingsplan.
Naast deze spaarzaam gebruikte interventie-instrumenten kende de WRO nog een specifiek instrument voor projecten van bovengemeentelijk belang die "niemand in zijn achtertuin wil" en waarbij de besluitvorming in een impasse was geraakt (art. 40-41 WRO; de zgn. nimby-bevoegdheid) en voor de realisering van rijksprojecten (art. 39a WRO; de zgn. rijksprojectenprocedure).
Het nimby-instrumentarium betreft de verlening van vrijstelling van het bestemmingsplan en alle voor de realisering van het project benodigde vergunningen. Tot nu toe is slechts één keer gebruik gemaakt van dit ultimum remedium (bomenkap gemeente Onderbanken eind 2005 in verband met aanvliegroute militair vliegveld in Duitsland). De nimby-vrijstelling werd wel gezien als een zeer bijzondere vorm van de art. 19-vrijstelling.
De rijksprojectenprocedure voorziet onder meer in doorwerking van het rijksprojectbesluit in het gemeentelijk ruimtelijk beleid (deze wordt gewoon

buiten toepassing verklaard voorzover deze het rijksprojectbesluit in de weg staat) en in de procedurele coördinatie en afstemming van de benodigde vergunningen. De procedure was bedoeld voor ruimtelijke investeringsprojecten die het rijk onder eigen regie wil realiseren (bijvoorbeeld het project Natuurontwikkeling Westerschelde[25]).

2.3 Hoofdlijnen Wro

De nieuwe Wro kent planfiguren die deels bekend zijn (zoals bestemmingsplannen en aanwijzingen) en deels nieuw zijn. In de volgorde van de wet lopen we de planvormen langs.

Andermaal zij opgemerkt dat het Wro-projectbesluit inmiddels eigenlijk een *Wabo-projectbesluit* is geworden (omgevingsvergunning afwijkend van bestemmingsplan). Zie eerder onder Paragraaf 2.1. Het rechtskarakter van dit planologisch instrument is evenwel niet veranderd.

Structuurvisie

De rijks-, provinciale en gemeentelijke structuurvisies zijn te beschouwen als de rechtsopvolger van respectievelijk PKB, streekplan en structuurplan. Structuurvisies binden in beginsel enkel het vaststellende bestuursorgaan. De structuurvisie heeft geen bindende werking voor andere overheidsniveau's of naar burgers toe. In het bestuursrecht heet dat dan *zelfbinding*.

Anders dan een bestemmingsplan heeft een structuurvisie dus geen algemeen verbindende werking. Een structuurvisie biedt mogelijkheden voor een brede integrale benadering van de leefomgeving (milieu, leefbaarheid, duurzaamheid), maar het is meer een strategisch beleidsdocument dat hooguit indirect doorwerking kan hebben door middel van de inzet van juridisch wel bindende instrumenten zoals bestemmingsplan, inpassingsplan, beheersverordening, aanwijzing of AMvB/provinciale verordening (zie Tabel 3).

Zo beoogt in de *AMvB Ruimte* (Besluit algemene regels ruimtelijke ordening 2011) de juridische doorwerking te verzekeren van de nationale belangen uit de *Structuurvisie Infrastructuur en Ruimte* (SVIR 2011). Deze rijksstructuurvisie werd in 2011 gepresenteerd als opvolger van de Nota Ruimte uit 2005.

[25] Kamerstukken II 2004-2005, 30 244, nr. 1.

Tabel 3. Juridisch karakter nieuwe instrumenten.

Overheid	Instrument	Juridisch karakter
Rijk	structuurvisie	alleen zelfbinding
	AMvB	bindend
	aanwijzing	bindend
	projectbesluit	bindend
	inpassingsplan	bindend
Provincie	structuurvisie	alleen zelfbinding
	ruimtel verordening	bindend
	aanwijzing	bindend
	inpassingsplan	bindend
	projectbesluit	bindend
Gemeente	structuurvisie	alleen zelfbinding
	beheersverordening	bindend
	projectbesluit	bindend

Hoofdstuk 2 van de Wro maakt duidelijk dat de gemeenteraad "ten behoeve van een goede ruimtelijke ordening" een structuurvisie *moet* opstellen voor het grondgebied van de gemeente of een gedeelte hiervan. De structuurvisie bevat de hoofdlijnen van de voorgenomen ontwikkeling van dat gebied en gaat tevens in op de wijze waarop de raad zich voorstelt die ontwikkeling te doen verwezenlijken (art. 2.1 lid 1 Wro). Voor provinciale staten en de minister geldt een identieke verplichting ten behoeve van een goede provinciale cq. nationale ruimtelijke ordening voor het provinciale cq. nationale grondgebied of deel daarvan (art. 2.2 resp. art. 2.3 Wro).

Het verschijnsel van de concrete beleidsbeslissing uit de oude WRO verdwijnt.

Bestemmings- en inpassingsplannen

Het bestemmingsplan is het centrale normstellende document voor de ruimtelijke ordening gebleven. Het plan blijft de juridische basis voor het toetsen van aanvragen voor een bouw-, aanleg- of slooptoestemming (omgevingsvergunning), de vestiging van een voorkeursrecht en onteigening. Bestemming en regels moeten elke tien jaar opnieuw worden vastgesteld. Er geldt dus een actualiseringsplicht (art. 3.1 lid 2 Wro), maar deze kan verlengd worden met nog eens tien jaar. Als sanctie geldt dat geen leges geheven kunnen worden terzake van onder meer bovengenoemde vergunningen. Dit lijkt evenwel een zwakke sanctie te zijn.

Flexibiliseringsbepalingen uit de oude WRO keren terug: binnenplanse wijziging (door burgemeester en wethouders "binnen bij het plan te bepalen grenzen"), uitwerking van een plan, ontheffing (via omgevingsvergunning) van bij het plan aan te geven regels en er is de mogelijkheid tot het stellen van nadere eisen (art. 3.6 Wro). Deze klassieke mogelijkheid van "binnenplanse flexibiliteit" blijkt intussen één van de redenen te zijn dat het bestemmingsplan in de gemeentelijke bestuurspraktijk nog steeds zo'n populair instrument is.[26]

Weliswaar is de provincie zijn *goedkeuringsbevoegdheid* (zgn. preventief toezicht) kwijt, maar via de *reactieve aanwijzing* ex art. 3.8 lid 6 Wro kunnen GS (en ook de minister) toch weer de inwerkingtreding van een bestemmingsplan (of een hen onwelgevallig onderdeel daarvan) preventief blokkeren. Naast deze reactieve toepassing van de aanwijzingsbevoegdheid staat de (normale) actieve toepassing, waarbij de raad wordt verplicht om een onderdeel van een vigerend bestemmingsplan in een bepaalde zin te herzien.

Nieuw is dat ook provincies en het rijk zelf bestemmingsplannen mogen vaststellen onder de naam *inpassingsplannen*. Daarmee kunnen zij dus nu ook zelf direct en juridisch bindend de bestemming van een gebied en het gebruik daarvan vastleggen. Die bevoegdheid kan bijvoorbeeld worden gebruikt om bepaalde gebieden zoals de EHS te beschermen (conserveringsdoel) of de ontwikkeling van een bepaald gebied in eigen regie te houden. Een provinciaal inpassingsplan voor de ecologische hoofdstructuur (EHS) of een rijksinpassingsplan voor de Noordzee[27] zou dus in theorie mogelijk zijn.

Een provinciaal inpassingsplan (PIP) of rijksinpassingsplan (RIP) wordt geacht deel uit te maken van het bestemmingsplan en overruled een eventueel strijdig gemeentelijk plan. Een provinciaal inpassingsplan sluit de bevoegdheid van de gemeenteraad uit om voor dezelfde gronden een bestemmingsplan vast te stellen en een rijksinpassingsplan sluit voor dezelfde gronden een bestemmingsplan of provinciaal inpassingsplan uit.

---

26 PBL, *Ex-durante evaluatie Wet ruimtelijke ordening: tweede rapportage*, Den Haag 2012, p. 26 e.v.
27 *Cf.* F.H. Kistenkas, *De ruimtelijke ordening op zee show*, De Volkskrant 1-11-2008, p. 69.

Eerste voorbeelden van een RIP resp. een PIP waren het RIP voor de 380 kV hoogspanningsverbinding van Wateringen naar Zoetermeer (2010), het RIP *Windenergie langs de dijken van de Noordoostpolder* (2010) en het inpassingsplan van de provincie Fryslan *De Centrale As* (2010) inzake een nieuwe provinciale weg door het Nationale Landschap de Noordelijke Friese Wouden en de EHS. Er is inmiddels ook al jurisprudentie: begin 2012 liet de Raad van State het nogal omstreden RIP *Windenergie langs de dijken van de Noordoostpolder* (86 windturbines boven Urk) in stand (ABRS 8 februari 2012, 201100875).
Het komt ook voor dat een provincie een PIP maakt op verzoek van de gemeente. Dat gebeurde bijvoorbeeld bij het project Waterdunen in Zeeuws-Vlaanderen (een combinatie van dijkversterking, natuurontwikkeling en herstructurering van verblijfsrecreatie). Op verzoek van de gemeente Sluis maakte de provincie Zeeland daar een PIP. Ook dit PIP werd (met bijbehorend exploitatieplan) door de Raad van State goeddeels gesauveerd: ABRS 15 februari 2012, 201011643.
Sommige provincies maken veelvuldig gebruik van een PIP, anderen weinig of niet. Zo had de provincie Drenthe bijna drie jaar na de inwerkingtreding van de Wro nog geen enkel (ontwerp-) PIP gemaakt, terwijl daarentegen de provincie Gelderland er al 15 had, hetgeen bijna een derde van het landelijke totaal van 51 PIPs was.[28]

Ter inkadering van de Wro geeft een AMvB, namelijk het Besluit ruimtelijke ordening (Bro), nadere regels omtrent bestemmingsplannen. Een bestemmingsplan bestaat ingevolge het Bro uit een juridisch bindende *plankaart* en *planvoorschriften* (planregels). Voorts bestaat het uit een *toelichting* waarin een verantwoording voor de in het plan gemaakte keuzes wordt opgenomen en inzichten over de (financiële) uitvoerbaarheid worden gegeven. Ingevolge het Bro dient de toelichting ook inzicht te bieden in de wijze waarop in het plan rekening is gehouden met de gevolgen voor de waterhuishouding. Dit wordt de *watertoets* genoemd (art. 3.1.6 Bro). Het is echter geen toetsing aan harde criteria, maar meer een obligate paragraaf in de (niet juridisch bindende) toelichting van het bestemmingsplan.

Projectbesluit (omgevingsvergunning afwijkend van bestemmingsplan)

Het projectbesluit wordt wel gezien als de opvolger van de beruchte art. 19-vrijstelling van de oude WRO. Een projectbesluit (ook wel: afwijkings-

[28] Vgl. het IPO-rapport *Provincies gaan door. De provincies en hun regierol in het ruimtelijk beleid*, IPO Den Haag 2011, p. 19.

besluit) zorgt er immers voor dat het vigerende bestemmingsplan buiten toepassing wordt gesteld ten behoeve van de verwezenlijking van een project dat afwijkt van het bestemmingsplan. Het is in essentie een vrijstelling van het plan. Aldus doorbreekt *project*matige besluitvorming dus de *plan*matige besluitvorming.

Als een alternatief voor het projectbesluit wordt door veel gemeenten ook wel een zogenoemd *postzegelplan* vastgesteld: een klein bestemmingsplannetje voor één specifiek project.

Met de komst van de Wabo in het najaar van 2010 is het Wro-projectbesluit inmiddels opgegaan in de omgevingsvergunning. Gemeenten spreken daarom tegenwoordig wel van Wabo-projectbesluit.[29] Het verlenen van zo'n projectbesluit (omgevingsvergunning in afwijking van het bestemmingsplan) geschiedt door burgemeester en wethouders met een verklaring van geen bedenkingen (vvgb) van de gemeenteraad.

Beheersverordening

De gemeenteraad kan daar waar geen ruimtelijke ontwikkeling wordt voorzien in plaats van een bestemmingsplan een beheersverordening vaststellen. De beheersverordening is bij amendement opgenomen en als een nieuw instrument geïntroduceerd, maar lijkt in wezen toch weinig anders te zijn dan een min of meer conserverend bestemmingsplan[30]. Sommigen noemen het een *bestemmingsplan light*. Het voordeel van zo'n verordening zou zijn dat deze vele malen goedkoper en wellicht ook sneller zou kunnen worden opgesteld dan een plan met plankaart met planvoorschriften en plantoelichting.

In de bestuurspraktijk wordt dit instrument (nog) nauwelijks gebruikt. Begin 2012 waren er slechts negen vastgesteld. Gemeenten blijken doorgaans de voorkeur te geven aan het oude vertrouwde bestemmingsplan. Bovendien zouden er in Nederland bij nader inzien zeer weinig laagdynamische gebieden zijn. Spaarzame voorbeelden van beheersverordeningen zijn de "paraplubeheersverordening" in Zaanstad om 33 projectbesluiten voor langere tijd planologisch te verankeren en de beheersverordeningen voor parken en duingebieden van de gemeente Den Haag.[31]

[29] Ook wel afwijkingsbesluit of c-vergunning genoemd (art. 2.1 lid 1 sub c Wabo).
[30] N.S.J. Koeman (red.), *Omgaan met omgevingsrecht*, Europa Law Publishing, Groningen 2006, p. 7.
[31] PBL, *Ex-durante evaluatie Wet ruimtelijke ordening: tweede rapportage*, Den Haag 2012, p. 42 e.v.

Provinciale ruimtelijke verordening en AMvBs

Een provinciale ruimtelijke verordening (PRV) en een algemene maatregel van bestuur (AMvB) van de rijksoverheid kunnen de "harde" onderdelen uit een structuurvisie gaan bevatten.[32] Ze kunnen bijvoorbeeld algemene regels gaan bevatten omtrent de inhoud van bestemmingsplannen, projectbesluiten en beheersverordeningen (en ingeval van een AMvB ook omtrent provinciale verordeningen). Voorts zullen deze algemene regels de functie van toetsingsgrond voor bouw-, aanleg- en sloopvergunningen kunnen krijgen[33]. Provincie en rijk kunnen nu via deze regelgeving dus invloed uitoefenen op de verlening van bouwvergunningen cq. omgevingsvergunningen door de gemeente.

Provinciale verordeningen en AMvBs zijn hoger dan gemeentelijke normen (normenhiërarchie). Een gemeentelijke APV of bestemmingsplan mag dus niet strijdig zijn met een planologische AMvB en/of PRV.

Om deze reden verzette zich een gemeentelijke lobby dan ook tegen een (hiërarchisch hogere) ontwerp-AMvB Ruimte.

Een vroeg voorbeeld van een PRV is die van Flevoland (Verordening Groenblauwe Zone) van december 2008 waarbij de groenblauwe bestemming van de verbindingszone Oostvaarderswold ten opzichte van de gemeenten Zeewolde, Lelystad en Almere werd veiliggesteld. Het betrof hier een verordening voor een bepaald gebied (Zie Box 2).[34]

---

[32] De *Nota Ruimte* uit 2005 - een rijksnota nog onder de oude WRO tot stand gekomen - zou (zo was begin 2008 de bedoeling) via de Invoeringswet nieuwe Wro de status van (rijks)structuurvisie krijgen. In het voorjaar van 2008 werd daarom op het ministerie van VROM gewerkt aan een *AMvB Ruimte* ten behoeve van de juridische doorwerking van onderdelen (onder meer EHS en Nationale Landschappen) uit de *Structuurvisie* Nota Ruimte. Veelal werd gekozen voor de zogenoemde *getrapte AMvB*: aan provincies werd nadere uitwerking overgelaten. Art. 4.1 lid 4 Wro maakt zo'n getrapte doorwerking mogelijk.

[33] P.J.J. van Buuren, *De (on)mogelijkheden van provinciale planologische verordeningen*, Bouwrecht 2005, p. 476-481.

[34] J. van der Perk, *Toepassing provinciale planologische verordening in de praktijk voor gebiedsontwikkeling OostvaardersWold in Flevoland*, Tijdschrift voor Bouwrecht 2009-4, p. 307-316; F.H. Kistenkas, *Groenblauwe zone Oostvaarderswold*, Vakblad Natuur Bos Landschap 2010-3, p. 38 en J. van den Bos, *OostvaardersWold, nieuwe natuur in Nederland*, Landschap 2009-4, p. 199-204.

Box 2. Groenblauwe zone Flevoland.

Ter wille van een robuuste verbindingszone tussen Oostvaardersplassen en Horsterwold (en uiteindelijk richting Reichswald) worden drie gemeenten volledig *overruled*. Hen wordt imperatief en nauwkeurig verteld hoe de bestemming moet luiden en hoe hun bestemmingsplannen eruit moeten zien. Als hoofdbestemming mag volgens het kernartikel 3.2 van deze PRV slechts *Natuur en Water* worden gegeven. Ook een eventuele dubbelbestemming wordt al door de provincie ingevuld (nutsvoorzieningen, bestaande windmolens, archeologie en infrastructuur). Een tweetal kaarten waarop het desbetreffende gebied staat aangegeven, maakt onderdeel uit van deze PRV. Daarmee lijkt het trouwens bijna al een provinciaal bestemmingsplan oftewel een inpassingsplan.

Artikel 2.2 van de verordening voegt toe: "hoofddoelstelling is het realiseren van een robuuste ecologische verbinding met als doelsoort het edelhert" en als neven-doelstellingen gelden waterberging, topnatuur en extensieve wildernis-recreatie.

Volgens deze provinciale wetgeving is er, naast een ontheffingsmogelijkheid voor GS, ook nog voorzien in een uitzonderingsmogelijkheid, een zogenoemde *hardheidsclausule*, voor die gevallen dat toepassing van de PRV tot "een onbillijkheid van overwegende aard" leidt. De provincie Flevoland heeft deze PRV opgesteld met 2 plankaarten, een bouwverbod (art. 4.7), een verplichte hoofdbestemming van Natuur en Water (art. 3.2) en limitatieve dubbelbestemmingen (voor bv nutsvoorzieningen en bestaande windmolens) en nauwkeurige gebruiksverboden in art. 4.1 (gentech, sierteelt, viskweek etc.). De verordening is in eerste instantie vastgesteld als instructie aan betrokken gemeenten om bestemmingsplannen voor te bereiden die nodig zijn voor het realiseren van de groenblauwe zone. De inhoud van de verordening is nu leidend voor de vormgeving van een provinciaal inpassingsplan.

De vervolgstap is uiteindelijk dus toch weer een PIP. Er is nog even over gediscussieerd of de gemeenten zelf een bestemmingsplan zouden gaan maken of dat de provincie dat zou doen. Uiteindelijk hebben de gemeenten Zeewolde en Lelystad (de gemeenten waar de verordening op van toepassing is) aan de provincie verzocht een inpassingsplan te maken. Medio 2010 lag er reeds een ontwerp-inpassingsplan ter inzage. In het inpassingsplan wil de provincie bij het aanlegvergunningenstelsel een koppeling maken met het natuurbeheerplan.

Inmiddels hebben de meeste provincies ook PRVs die het gehele provinciale territorium bestrijken. Daarin lijkt het concept van "ruimtelijke kwaliteit" sterk in opkomst. Soms wordt dan ook al gewerkt met kernkwaliteiten van landschapstypes (Fryslân) of met een catalogus van gebiedskenmerken (Overijssel).[35]

De PRVs hebben overigens vaak een iets andere benaming, maar zijn evenwel juridisch gewoon verordeningen als bedoeld in art. 4.1 Wro.

> Alleen de verordeningen van Noord-Holland, Utrecht en Zeeland heten ook echt provinciale ruimtelijke verordening. Alleen de provincie Limburg had (begin 2012) nog geen PRV ex art. 4.1 Wro (Tabel 4).

De *AMvB Ruimte* (ook bekend als *Besluit algemene regels ruimtelijke ordening*) zoals die bij wijze van eerste tranche in werking trad op 30 december 2011 is een voorbeeld van een planologische AMvB om een aantal rijksbelangen juridisch te borgen. Deze AMvB bevatte in eerste instantie regels over onder meer de Waddenzee en kustfundament en zou later ook regels gaan bevatten over de ecologische hoofdstructuur (EHS), IJsselmeergebied en werelderf-

Tabel 4. Provinciale ruimtelijke verordering per provincie.

Provincie	PRV ex art. 4.1 Wro	Sinds
Groningen	omgevingsverordening	2009
Fryslân	verordening romte Fryslân	2011
Drenthe	provinciale omgevingsverordening	2011
Overijssel	omgevingsverordening	2009
Flevoland	verordening groenblauwe zone	2008
Gelderland	ruimtelijke verordening	2010
Utrecht	PRV	2009
Noord-Holland	PRV Structuurvisie	2010
Zuid-Holland	visie op Zuid-Holland: verordening ruimte	2010
Zeeland	PRV	2010
Noord-Brabant	verordening ruimte	2011
Limburg	--	--

[35] PBL, *Ex-durante evaluatie Wet ruimtelijke ordening: tweede rapportage*, Den Haag 2012, p. 85 e.v.

goederen. De AMvB Ruimte kan gezien worden als aanbouwwetgeving: er kan steeds weer een nieuw stuk bijkomen.

Aanwijzing van GS en minister

Gedeputeerde staten kunnen aan de gemeenteraad een aanwijzing geven om een bestemmingsplan vast te stellen overeenkomstig daarbij gegeven voorschriften omtrent de inhoud van dat plan. Dit wordt ook wel de *(pro) actieve aanwijzing* genoemd. Men kan immers ook de inwerkingtreding van een ontwerp-bestemmingsplan blokkeren; dat is de zogenoemde *reactieve aanwijzing* (art. 3.8 lid 6 Wro).

De minister van I&M ("of onze minister wie het aangaat", bijvoorbeeld de minister van EL&I) kan ook een gemeente of provincie aanwijzingen geven om een bestemmingsplan vast te stellen, een provinciale ruimtelijke verordening te maken of GS een aanwijzing te geven om een aanwijzing te geven aan de gemeente. Dat laatste is dus een *aanwijzing tot aanwijzing*.

Bij de *reactieve aanwijzing* van art. 3.8 lid 6 Wro "reageert" (vandaar de naamgeving) de provincie op het ontwerp-bestemmingsplan van een gemeente en kan de provincie (delen van) het ontwerp-bestemmingsplan effectief tegenhouden als deze niet overeenkomen met provinciaal beleid. Deze zeer belangrijke provinciale bevoegdheid wordt in de bestuurspraktijk steeds vaker gebruikt, maar is verstopt in het zesde lid van art. 3.8 Wro terug te vinden.

Art. 3.8 Wro

1. Op de voorbereiding van een bestemmingsplan is afdeling 3.4 van de Algemene wet bestuursrecht van toepassing, met dien verstande dat:
   a. de kennisgeving, bedoeld in artikel 3:12 van die wet, tevens in de Staatscourant wordt geplaatst en voorts langs elektronische weg wordt verzonden;
   b. het ontwerp-bestemmingsplan gelijktijdig met de plaatsing, bedoeld onder a, wordt toegezonden aan die diensten van Rijk en provincie die belast zijn met de behartiging van belangen die in het plan in het geding zijn, aan de betrokken waterschapsbesturen en aan de besturen van bij het plan een belang hebbende gemeenten;
   c. indien in het ontwerp gronden zijn aangewezen waarvan de bestemming in de naaste toekomst voor verwezenlijking in aanmerking komt, kennisgeving tevens geschiedt aan diegenen die in de kadastrale

registratie staan vermeld als eigenaar van die gronden of als beperkt gerechtigde op die gronden;
d. door een ieder zienswijzen omtrent het ontwerp bij de gemeenteraad naar voren kunnen worden gebracht;
e. de gemeenteraad binnen twaalf weken na de termijn van terinzagelegging beslist omtrent vaststelling van het bestemmingsplan.

2. Voor zover het ontwerp van een bestemmingsplan zijn grondslag vindt in een aanwijzing kunnen zienswijzen daarop geen betrekking hebben.
3. De bekendmaking van het besluit tot vaststelling van het bestemmingsplan geschiedt binnen twee weken na de vaststelling. Burgemeester en wethouders plaatsen de kennisgeving van het besluit tot vaststelling van het bestemmingsplan tevens in de Staatscourant en verzenden dit voorts langs elektronische weg. Gelijktijdig zenden zij afschrift van het besluit met de bijbehorende stukken aan de diensten en bestuursorganen bedoeld in het eerste lid, onder b.
4. In afwijking van het derde lid wordt het besluit tot vaststelling van het bestemmingsplan zes weken na de vaststelling bekendgemaakt, indien door gedeputeerde staten of de inspecteur een zienswijze is ingediend en deze niet volledig is overgenomen of indien de gemeenteraad bij de vaststelling van het bestemmingsplan daarin wijzigingen heeft aangebracht ten opzichte van het ontwerp, anders dan op grond van zienswijzen van gedeputeerde staten of de inspecteur. In zodanig geval zenden burgemeester en wethouders na de vaststelling onverwijld een afschrift van het raadsbesluit aan gedeputeerde staten onderscheidenlijk de inspecteur.
5. Het besluit tot vaststelling van het bestemmingsplan treedt in werking met ingang van de dag na die waarop de beroepstermijn afloopt, tenzij het zesde lid van toepassing is.
6. Indien aan de in het vierde lid bedoelde voorwaarden is voldaan kunnen gedeputeerde staten onderscheidenlijk Onze Minister, onverminderd andere aan hen toekomende bevoegdheden, binnen de in dat lid genoemde termijn met betrekking tot het desbetreffende onderdeel van het vastgestelde bestemmingsplan aan de gemeenteraad een aanwijzing als bedoeld in artikel 4.2, eerste lid, onderscheidenlijk artikel 4.4, eerste lid, onder a, geven, ertoe strekkende dat dat onderdeel geen deel blijft uitmaken van het bestemmingsplan zoals het is vastgesteld. Artikel 4.2, tweede tot en met vierde lid, onderscheidenlijk artikel 4.4, tweede tot en met vierde lid, zijn op deze aanwijzing niet van toepassing. Gedeputeerde staten onderscheidenlijk Onze Minister vermelden in de redengeving de aan het besluit ten grondslag liggende feiten, omstandigheden en overwegingen die hen beletten het betrokken provinciaal onderscheidenlijk nationaal belang

> met inzet van andere aan hen toekomende bevoegdheden te beschermen. Het besluit tot vaststelling van het bestemmingsplan wordt alsdan met uitsluiting van dat onderdeel, samen met het aanwijzingsbesluit bekendgemaakt. De in het vierde lid genoemde termijn wordt hiertoe met een week verlengd. Zodra het aanwijzingsbesluit onherroepelijk is geworden vervalt het vaststellingsbesluit voor dat onderdeel.

De reactieve aanwijzing (RA) kan door de provincie ook gebruikt worden om landschappelijke ontsiering tegen te gaan. Een eerste landschapsuitspraak waarin de RA de rol van de oude preventieve goedkeuring (WRO van voor 2008) lijkt over te nemen is een uitspraak van de Raad van State van 20 oktober 2010, 200910210 (*gemeente Groningen vs. provincie Groningen*). Blijkens PRV en POP (provinciaal omgevingsplan) wil de provincie in verband met het voorkomen van ontsiering van het landschap geen hogere reclamemasten dan 6m. In het gemeentelijke bestemmingsplan voor het bedrijventerrein Peizerweg kon daar echter van afgeweken worden via een ontheffing voor "bouwwerken geen gebouw zijnde" tot zelfs 10 m. De gemeente beklaagt zich in deze zaak erover dat de provincie de RA inzet "als een verkapte vorm van onthouding van goedkeuring" en beschuldigt de provincie van "oneigenlijk gebruik" van deze nieuwe bevoegdheid. De Raad van State wil hier niets van weten: de provincie kon zich in redelijkheid het voorkomen van *ontsiering van het landschap* als een provinciaal belang aantrekken. De provincie kan dus de RA inzetten ten behoeve van het landschapsbeleid. Met de RA kan de provincie uiterst effectief hen onwelgevallige bestemmingsplannen blokkeren, ook in verband met landschappelijke ontsiering.

Deze uitspraak is intussen al een *leading case* te noemen, want in latere uitspraken verwijst de Raad van State telkens expliciet naar juist deze zaak.[36] Deze Groningse zaak geeft duidelijk aan dat de provincie ook onder de nieuwe Wro haar ruimtelijk beleid kan afdwingen van de gemeente.

> Opmerkelijk is dat sommige provincies weinig tot geen gebruik maken van deze correctiemogelijkheid van de reactieve aanwijzing, terwijl andere er veelvuldig gebruik van maken als ware het een vorm van hiërarchiek en preventief toezicht. Zo hadden op 1 oktober 2011 de provincies Fryslân, Drenthe, Gelderland, Flevoland en Zeeland nog geen enkele reactieve

[36] ABRS 2 februari 2010 (200910224) inz. visuele verstoring veldschuur Waalre; ABRS 2 februari 2011 (201009121) inz. visuele verstoring agrarische bedrijfswoning Halderberge en ABRS 23 maart 2011 (201001881) inz. functiewijziging bedrijfsbebouwing naar burgerwoning in Houten strijdig met provinciale ruimte-voor-ruimte regeling in PRV.

aanwijzing aan hun gemeenten gegeven, terwijl Noord-Brabant er op die datum al dertig had uitgevaardigd.[37]
Het Rijk heeft tot nog toe slechts één RA gegeven. Dat was in 2009 door de toenmalige minister van VROM aan de Limburgse gemeente Margraten inzake bouwplannen in het Nationaal Landschap Heuvelland.

2.4 Grondexploitatiewet

Actieve en passieve grondexploitatie

De Grondexploitatiewet (kortweg: *grexwet*) is niet een afzonderlijke wet, maar een aanvulling op en onderdeel van de Wro. Doelstelling van de wet is een goede regeling voor kostenverhaal en het stellen van locatie-eisen bij particuliere projectontwikkeling.

De meest traditionele manier om (bouw)plannen van enige omvang te realiseren is de zgn. *actieve* grondexploitatie. De gemeente verwerft dan de benodigde grond in eigendom (*actief grondbeleid*). De gemeente (ver) koopt zelf de grond en strijkt ook de winst op. Als instrumenten heeft de gemeente dan *onteigening* (Onteigeningswet) en een *voorkeursrecht* (voorrang voor gemeente om grond als eerste te kopen op grond van de Wvg, de Wet voorkeursrecht gemeenten). In dat laatste geval is de eigenaar niet verplicht de grond te verkopen en blijft hij bevoegd om tot *zelfrealisatie* van een project over te gaan. Als kopen niet lukt kan de gemeente een onteigeningsprocedure inzetten, maar deze procedure wordt als een uiterst zware en langdurige procedure gezien. Zijn de gronden al in eigendom van een projectontwikkelaar die de gewenste bebouwing zelf kan realiseren, dan biedt de Wvg geen oplossing en kan er ook niet onteigend worden. De gemeente is dan als het ware veroordeeld tot *passieve* exploitatie. Op die situatie heeft de grexwet betrekking.

Een soort tussenvorm van actief en passief grondbeleid lijkt tegenwoordig de publiek-private samenwerking van gemeente en projectontwikkelaar te zijn. Zij verenigen zich dan in één rechtspersoon of bouwconsortium, vaak ook wel Wijkontwikkelingsmaatschappij (WOM) genoemd. De WOM is dan grondeigenaar en de gemeente is in wezen (plan)wetgever en vergunningverlener in eigen zaak. Het is zeer de vraag of deze dubbele petten-situatie wenselijk is.[38]

[37] Vgl. IPO-rapport *Provincies gaan door. De provincies en hun regierol in het ruimtelijk beleid*, IPO Den Haag 2011, p. 19.
[38] Vgl. F.H. Kistenkas, *Bos, bouw en gemeenten*, Vakblad Natuur Bos Landschap 2011-10.

Het klassieke actieve grondbeleid lijkt op zijn retour, want steeds meer ziet men passieve exploitatie ofwel *passief grondbeleid*; steeds meer locaties worden particulier ontwikkeld. De gronden in het exploitatiegebied zijn dan al in handen van particuliere grondeigenaren cq. projectontwikkelaars en de gemeente speelt slechts een faciliterende rol (bestemmingen aanpassen bijvoorbeeld). In die situatie geeft de gemeente geen grond uit en kan zij de kosten die zij ten behoeve van het gebied maakt niet in de grondprijs verdisconteren. Goede middelen voor kostenverhaal door de gemeente bij *passief* (ook wel: *faciliterend*) grondbeleid wordt daarom tegenwoordig belangrijker geacht dan de verwervingsmogelijkheden van de actieve exploitatie.

Het traditionele passieve stelsel kende enkele knelpunten voor kostenverhaal. Via gemeentelijke *baatbelasting* bleek slechts een deel van de kosten langs fiscaalrechtelijke weg te kunnen worden terug verdiend. Een *exploitatieovereenkomst* tussen gemeente en ontwikkelaar draagt slechts een vrijwillig karakter; een gemeente kan een exploitatieovereenkomst niet eenzijdig afdwingen. Een ander knelpunt zijn de zgn. *free riders* die in de gelukkige positie verkeren de eigendom van rendabele plandelen te hebben en dan kunnen afwachten tot de gemeente op basis van overeenkomsten met andere grondeigenaren het bouw- en woonrijp maken verzorgt, waarna zij daarvan kunnen profiteren zonder in die kosten bij te dragen.

Exploitatieplan (art. 6.12 Wro)

Daarom werd geroepen om extra wettelijk instrumentarium. De grexwet lijkt die nu te bieden waarbij als de (vrijwillige) *privaatrechtelijke* weg van een exploitatieovereenkomst niet lukt, de (dwingende) *publiekrechtelijke* weg van het *exploitatieplan* kan worden gevolgd.

Eerst zal de weg van de privaatrechtelijke overeenkomst moeten worden gevolgd; gepoogd zal moeten worden om een zogenoemde *anterieure overeenkomst* met elkaar te sluiten. Daarbij geldt contractsvrijheid, maar duidelijk is dat bovenplanse verevening juridisch mogelijk is. Op basis van een structuurvisie mogen ook afspraken worden gemaakt over financiële bijdragen aan ruimtelijke ontwikkelingen buiten de locatie, dus in een groter gebied (art. 6.24 Wro). Te denken valt dan aan bijdragen aan groen-, water- en recreatiegebieden buiten het plan gelegen (vandaar: *bovenplanse* verevening). De raad kan overigens nog een *exploitatieverordening* vaststellen waarin de procedure voor de totstandkoming en de inhoud van de overeenkomst staan beschreven. Zo'n gemeentelijke verordening heeft in de normenhiërarchie de status van een APV.

Lukt deze privaatrechtelijke weg niet dan kan er gelijktijdig met het planologisch besluit (bestemmingsplan, uitwerkingsplan, projectbesluit of besluit tot afwijking van de beheersverordening) een exploitatieplan door de gemeenteraad worden opgelegd.

> In de praktijk zal men het exploitatieplan kunnen gaan gebruiken als een soort appendix bij het bestemmingsplan om het kostenverhaal zeker te stellen. Betaling zal moeten plaatsvinden bij de vergunningverlening. Er is een limitatieve kostensoortenlijst van verhaalbare kosten (bij AMvB; in art. 6.2.3 e.v. Bro) zoals planontwikkelingskosten, planschadevoorzieningen en fysieke voorzieningen. Aangenomen werd dat de grexwet de gemeenten meer macht zou geven bij het kostenverhaal en het tegengaan van free riders[39]. Tot medio 2011 waren er slechts 120 exploitatieplannen vastgesteld, maar de schaduwwerking van het dreigende exploitatieplan als zwaard van Damocles boven het hoofd van de projectontwikkelaar bij de sluiting van een anterieure overeenkomst zorgt wellicht voor een sluitend kostenverhaal op het privaatrechtelijke spoor.[40]

2.5 Integratie RO en milieu

In de juridische vaktijdschriften en handboeken zijn reeds een fors aantal kritische Wro- en Grexwet-beschouwingen verschenen die zich met name rond een zestal thema's lijken te clusteren. Het betreft dan achtereenvolgens: integratie, schaalvergroting, kostenverhaal, mogelijkheden planologische verordening, terugval naar meer projectmatige besluitvorming en het schrappen van het provinciale goedkeuringsregime.

Aan de hand van deze rechtsliteratuur kan reeds een eerste inzicht worden verkregen in althans de verwachte juridische (on)mogelijkheden van de Wro.

In de eerste plaats zijn kritische beschouwingen gewijd aan de integratie van ruimtelijke ordening en milieu. Koeman stelt dat het nieuwe stelsel geen enkele verbetering biedt[41]. Integratie van RO- en milieubeleid (zowel het

---

[39] Vgl. *Wetsvoorstel grondexploitatie geeft gemeenten meer macht*, Binnenlands Bestuur 2006-23, p. 7.
[40] PBL, *Ex-durante evaluatie Wet ruimtelijke ordening: tweede rapportage*, Den Haag 2012, p. 62.
[41] N.S.J. Koeman (red.), *Omgaan met omgevingsrecht*, Europa Law Publishing, Groningen 2006, p.8.

blauwe, als het groene als het grijze milieubeleid) in ruimtelijke planvormen is immers niet geregeld en evenmin gezekerd. Onduidelijk is het volgens hem of het bestemmingsplan, het inpassingsplan of ander nieuw instrument meer dan in het *ancien regime* van de WRO vorm kan gaan geven aan (gebiedsgerelateerd) milieubeleid.

Hiertegen kan echter worden ingebracht dat ook nu al via de jurisprudentiële uitvoerbaarheidseis het groene, grijze en blauwe milieurecht op het planologische spoor moet worden meegenomen. Gebeurt dit onvoldoende dan zal de rechter een aldus tot stand gekomen bestemmingsplan niet uitvoerbaar en dus in strijd met een zorgvuldige besluitvorming (art. 3:2 Awb) oordelen[42]. Niet zozeer door middel van wetgeving als wel door middel van de jurisprudentie is er aldus reeds sprake van een planologisering van het omgevingsrecht[43] en is inhoudelijke integratie al langs de weg van de bestuursrechtspraak gezekerd.

De Wet algemene bepalingen omgevingsrecht (Wabo) beoogt bovendien ook nog een procedurele integratie: één loket en één vergunning (het zogenoemde *bouwen met één papiertje*). De groene vergunningen en ontheffingen worden "aangehaakt" bij deze integrale omgevingsvergunning.

2.6 Schaalvergroting

Uit het vorenstaande overzicht bleek reeds van een instrumentele versterking van de positie van met name de provincie. Algemeen wordt aangenomen dat het nieuwe stelsel daarmee tegemoet komt aan de problematiek van de schaalvergroting van de ruimtelijke ordeningsvraagstukken.[44]

De positie van de provincie verandert van slechts toezichthouder (goedkeuring ex art. 28 WRO) tot deelnemer in de ruimtelijke ordening. Via de reactieve aanwijzing van art. 3.8 lid 6 Wro kan de provincie gemeentelijke bestem-

---

42 M.E.A. Broekmeyer, F.H. Kistenkas, *Bouwen en natuur: Europese natuurwaarden op het ruimtelijke ordeningsspoor*, WOt-werkdocument 44, Wageningen 2006 en F.H. Kistenkas, M.E.A. Broekmeyer, *Natuurbescherming en ruimtelijke ordening*, Journaal Flora en fauna 2004, p.55-58.

43 F.H. Kistenkas, M.G.G. Neven, *De planologisering van het omgevingsrecht*, Openbaar Bestuur 2004, jrg. 14 afl. 6/7, p. 24-28.

44 A.A.J. de Gier, *Het definitieve voorstel voor een nieuwe Wet ruimtelijke ordening*, Agrarisch recht 2006, p. 546-555; N.S.J. Koeman (red.), *Omgaan met omgevingsrecht*, Europa Law Publishing, Groningen 2006, p. 9; P.J.J. van Buuren, *De (on)mogelijkheden van provinciale planologische verordeningen*, Bouwrecht 2005, p. 476-481; J. Vreke, R.I. van Dam, F.H. Kistenkas, *Provinciaal instrumentarium voor groenrealisatie*, WOt-rapport 15, Wageningen 2005, *passim*.

mingsplannen blokkeren, maar men kan ook met inpassingsplannen, planologische verordeningen, projectbesluiten en de gewone actieve aanwijzing van art. 4.2 Wro zelf aan ruimtelijke ordening doen. De provincie wordt zo van controleur ook deelnemer.

> Vooral van inpassingsplannen kan op den duur veel worden verwacht . Daarmee kunnen provincies en rijk zoals gezegd nu ook zelf direct en juridisch bindend de bestemming van een (eventueel groter) gebied en het gebruik daarvan vastleggen. Die bevoegdheid kan bijvoorbeeld worden gebruikt om bepaalde gebieden zoals de EHS te beschermen (conserveringsdoel) of de ontwikkeling van een bepaald gebied in eigen regie te houden. Een provinciaal inpassingsplan EHS of zelfs een rijksinpassingsplan groene ruimte of Natura 2000 zou dus in theorie mogelijk zijn.[45]

2.7 Kostenverhaal

Veel wordt verwacht van het door gemeenten dwingend op te leggen exploitatieplan en het kostenverhaal in de grondexploitatiewet. In een exploitatieovereenkomst mogen immers ook afspraken worden gemaakt over financiële bijdragen aan ruimtelijke ontwikkelingen buiten de lokatie, dus in een groter gebied. Te denken valt bijvoorbeeld aan bijdragen aan (al dan niet stedelijk) groen-, landschap en/of recreatiegebieden. Deze zogenoemde *bovenplanse verevening* wordt als een juridische doorbraak beschouwd. Tot nu toe was deze immers juridisch omstreden, maar de grexwet maakt aan alle onduidelijkheid een eind (art. 6.24 lid 1 sub a Wro).

> Lukt het vrijwillig afsluiten van zo'n (privaatrechtelijke) exploitatieovereenkomst niet dan hangt een dwingend (publiekrechtelijk) exploitatieplan als zwaard van Damocles boven het weigerachtige projectontwikkelaarshoofd. Het huidige euvel van de *free riders* zou hiermee effectief tegengegaan kunnen worden.
> Nu in de toekomst naast gemeentelijke bestemmingsplannen ook provinciale bestemmingsplannen (inpassingsplannen) kunnen worden gemaakt, lijkt het een storende non sequitur te zijn dat niet ook provincies zo'n exploitatieplan kunnen koppelen aan hun regionale inpassingsplan.[46]

---

[45] E. de Jong, Voorstel Wet Ruimtelijke Ordening biedt kansen voor natuurbescherming, JFf 2004, p. 83-88.

[46] F.H. Kistenkas, *De rood-groen-balans in de ruimtelijke ordening*, Openbaar Bestuur 2005 jrg. 15 afl. 10, p. 17-24; J. Vreke, R.I. van Dam, F.H. Kistenkas, *Provinciaal instrumentarium voor groenrealisatie*, WOt-rapport 15, Wageningen 2005.

2.8 Mogelijkheden provinciale ruimtelijke verordering

De PRV heeft, zoals gezegd, de belangrijke functie van toetsingsgrond voor bouwvergunningen: het limitatief-imperatieve stelsel is immers uitgebreid met de PRV als toetsingsgrond (zie Paragraaf 2.2). Daarmee kan deze provinciale verordening een belangrijk instrument voor effectuering van het provinciale ruimtelijke beleid zijn.

De PRV kan zich bij uitstek lenen voor ruimtelijke ordening van bovengemeentelijke aard die provinciale bemoeienis met inhoud van gemeentelijke ruimtelijke besluiten noodzakelijk maakt. Gemeenten moeten hun bestemmingsplannen en andere planologische regelingen in overeenstemming brengen met de vereisten uit de PRV.

Houdt een gemeente zich niet aan deze toetsing aan de eisen van een PRV, dan kunnen burgers en maatschappelijke organisaties dit alsnog in rechte afdwingen.

Er wordt daarom wel gesproken van een dubbele functie van de PRV ter bescherming van bepaalde gebieden; een *instrumentele* functie (bestemmingsplannen conformeren aan provinciale doelen) en een *waarborg*functie (betrokkenen kunnen de normen in rechte doen naleven).

> De PRV kwalificeert zich aldus tot een interessant nieuw juridisch instrument voor provinciale regievoering bij de ruimtelijke ordening. Met name schaalniveau en afdwingbaarheid lijken passend te zijn bij diverse tot nog toe problematisch gebleken beleidsdossiers als EHS, klimaat, landschapsbeleid, cultuurhistorisch beleid en wellicht ook bij concretere en kleinschaligere zaken als bijvoorbeeld bescherming van een weidevogellandschap of verrastering in natuurgebieden als de Veluwe.[47]

Spectaculair was eind 2008 een PRV van de provincie Flevoland om een robuuste verbindingszone ten behoeve van de EHS veilig te stellen en bij gemeenten af te dwingen. Het betrof hier de PRV Groenblauwe Zone Oostvaarderswold, waarmee vooral de onwillige gemeente Zeewolde volledig werd overruled.

---

[47] F.H. Kistenkas, *Verhekking*, Vakblad Natuur Bos Landschap 2007-10, p. 25.

Ter wille van een robuuste verbindingszone tussen Oostvaardersplassen en Horsterwold (en uiteindelijk richting Reichswald) werd aan drie gemeenten imperatief en nauwkeurig verteld hoe de bestemming moet luiden en hoe hun bestemmingsplannen eruit moeten komen te zien. Als hoofdbestemming mag volgens het kernartikel 3.2 van deze PRV slechts *Natuur en Water* worden gegeven. Ook een eventuele dubbelbestemming wordt al door de provincie ingevuld (nutsvoorzieningen, bestaande windmolens, archeologie en infrastructuur). Een tweetal kaarten waarop het desbetreffende gebied staat aangegeven, maakt onderdeel uit van deze PRV. Een dergelijke provinciale juridisch-planologische doortastendheid zou onder de oude WRO onmogelijk zijn geweest. Onder de oude WRO konden provincies immers niet op een dergelijke actieve manier aan ruimtelijke ordening doen.

Een ander wat simpeler voorbeeld van een PRV zou een provinciale rasterverordening kunnen zijn, bijvoorbeeld om de reeds lang spelende problematiek van de verhekking op de Veluwe op te lossen (Box 3).

Ook de nieuwe AMvB Ruimte (ook wel afgekort tot Barro: Besluit algemene regels ruimtelijke ordening) lijkt een belangrijke plaats in te ruimen voor de PRV. Het betreft alsdan een zogenoemde getrapte doorwerking van rijksbeleid. De AMvB Ruimte schrijft bijvoorbeeld ten aanzien van EHS en cultuurhistorische erfgoederen zo'n getrapte doorwerking via PRVs voor. Art. 4.1 lid 4 Wro leek een dergelijke getrapte AMvB al mogelijk te maken, maar de Spoedwet herziening Wro uit 2012 maakte aan alle onzekerheid een eind door de expliciete wettelijke grondslag te geven om provincies inderdaad verplichtend medebewind op te leggen. Er is aldus geen (grond) wettelijk beletsel om lagere overheden in medebewind te roepen en rijks-en/of provinciale regels op te leggen. Gemeenten moeten aldus luisteren naar zowel provincie als rijk en provincies moeten luisteren naar het rijk (provinciaal medebewind) (Tabel 5).[48]

[48] Spoedwet Wro (wetsontwerp 32 821 tot wijziging van de Wro) over provinciaal medebewind (in een nieuw art. 4.3 lid 2 Wro) en de ontheffingsbevoegdheid voor minister en GS (in een nieuw 4.1a en 4.3a Wro). Autonomie gaat over wat lagere overheden *mogen* en medebewind over wat zij *moeten*. Zie eerder Paragraaf 1.3.

Box 3. Verhekking.

Met name op de Veluwe speelt het probleem van de verhekking. Aan roodwild, zwartwild maar ook andere dieren wordt met gevaarlijke of onoverbrugbare rasters de doorgang versperd. Vanuit de natuurbeschermingswetgeving blijkt hier moeilijk iets tegen te doen. Er zijn immers heel veel verschillende natuurgebieden met elk hun eigen specifieke natuurwaarden (Natura 2000, natuurmonumenten, EHS-gebieden, beschermde leefomgevingen, natuurschoonwet-landgoederen, gebieden met alleen maar een gemeentelijke bestemming "natuur" etc.). De Veluwe en ook andere natuurgebieden vallen ook nog eens onder het landschapsbeleid. Zo werd de Veluwe in de Nota Ruimte aangewezen als een Nationaal Landschap. Bij het landschapsbeleid zal men weer afhankelijk zijn van de kernkwaliteiten van het concrete gebied.

Deze onoverzichtelijke verbrokkeling van allerlei verschillende rechtsregimes is voor een probleem als verhekking een complicerende factor. Verhekking kan immers in alle soorten van gebieden spelen en voor elk soort gebied zou dan weer een apart wettelijk regime en grondslag nodig zijn om die verhekking tegen te gaan.

Ook de ervaringen met strafrechtelijke handhaving op grond van de Flora- en faunawet (wegnemen van vaste rust- of verblijfplaats van soorten als gevolg van verhekking) zijn tot op heden niet erg positief. Er is al wel een proefprocesje georkestreerd bij de economische politierechter, maar de boete is relatief gering en de handhaafbaarheid is niet altijd gemakkelijk en draagt in elk geval een *ad hoc*-karakter. Bovendien is men afhankelijk van het sepot- en vervolgingsbeleid van het OM. Strafrechtelijke bevelen zoals openingen in rasters worden bovendien in de praktijk niet zonder meer opgevolgd of afgedwongen.

De nieuwe Wro zou nu een goede provinciebrede oplossing met het nieuwe instrument van de PRV kunnen geven. Daarin zou een rasterontheffing kunnen worden geregeld: een provinciaal verhekkingsverbod met daaraan vastgekoppeld een (vrijstellingsregime voor bepaalde soorten hekken en/of) een ontheffingsregime ten behoeve van bepaalde gevallen.

De provincie kan zo een eigen ecologisch en/of landschappelijk ontheffingenbeleid voeren door bijvoorbeeld landbouw- of verkeersschade in concreto mee te wegen of te bepalen dat een raster een wildvriendelijk manchet moet hebben of een electronisch raster in de zomer herten binnen een gebied houdt, maar in de winter de bovenste twee draden worden verwijderd (bijv. ten behoeve van de hertenroute Oostvaarderplassen-Reichswald). De nadere normstelling kan dan in de PRV en de gebiedsaanwijzing in het inpassingsplan en/of structuurvisie.

Tabel 5. Getrapte doorwerking van Rijksbeleid.

Grondwet ↓	art. 124 lid 2 Grondwet (verplichtend medebewind voor lagere overheden)
Wro ↓	art. 4.1 jo. 4.3 Wro
AMvB (Barro) ↓	regels + ontheffingsbevoegdheid minister (art. 4.3a en 4.3 lid 1 en 2 Spoedwet herziening Wro)
PRV ↓	regels + ontheffingsbevoegdheid GS (art. 4.1a lid 1 en 4.3 lid 2 Spoedwet herziening Wro; bij AMvB te bepalen, dus grondslag voor provinciaal medebewind)
Bestemmingsplan	

2.9 Balans project versus plan

Ruimtelijk beleid wordt zoals gezegd niet alleen op basis van plannen gevoerd, doch ook door middel van ad hoc projectbesluitvorming (afwijkingsbesluiten zoals de omgevingsvergunning in afwijking van het bestemmingsplan, het Wabo-projectbesluit). Deze laatste doorbreekt altijd de eerste. Projectbesluiten doorkruisen het planmatige karakter van de RO. Gevreesd wordt dat de balans tussen (bestemmings)plan en projectbesluit met de Wro nog verder gaat overhellen naar het projectbesluit.[49]

Dit is des te opmerkelijk daar een van de kernpunten van het oorspronkelijke wetsontwerp nu juist de principiële keuze was voor de (bestemmings) planmatige besluitvorming met terzijde stelling van de projectmatige. De praktijk van het zelfstandig projectbesluit van het oude art. 19 WRO zou worden verlaten, maar tijdens het wetgevingstraject is deze vrijstellingsbevoegdheid onder druk van gemeenten en projectontwikkelaars toch weer opnieuw geïntroduceerd. Gesproken wordt van een terugval naar het *ancien regime* en zelfs van een verdere teruggang naar het WRO-regime van vóór

[49] P.J.J. van Buuren, A.A.J. de Gier, A. Nijmeijer, J. Robbe, *Hoofdlijnen ruimtelijk bestuursrecht*, Kluwer, Deventer 2009, p. 446.

2000 met zijn nog soepelere anticipatieve art. 19-vrijstelling.[50] Dit lijkt *a fortiori* te gelden nu naast gemeenten en rijk ook de provincie de projectbesluitvormingsbevoegdheid heeft gekregen en het planmatige kan doorbreken met het projectmatige ruimtelijke afwijkingsbesluit.

2.10 Provinciale goedkeuring

Het goedkeuringsvereiste bij bestemmingsplannen (toezicht gedeputeerde staten op gemeentelijke ontwerp-bestemmingsplannen ex art. 28 WRO) keert niet terug in de nieuwe Wro.

Gevreesd werd aanvankelijk dat de provincies aan invloed zullen verliezen nu zij hun gemakkelijk te hanteren toezichtsinstrument kwijtraken. Volgens sommigen konden de nieuwe instrumenten die zij daarvoor terugkrijgen dat verlies niet compenseren.[51]

> Bij bovengemeentelijke projecten als bijvoorbeeld de multipartiete samenwerking bij Hart van de Heuvelrug bleek inderdaad al hoe belangrijk de toetsende rol van de provincie is. Goedkeuring fungeerde immers als stok achter de deur (ultimum remedium) voor planhiërarchie en bovengemeentelijke regie over de regionale groen-rood-balans.[52]

Intussen geeft de *reactieve aanwijzingsbevoegdheid* van art. 3.8 lid 6 Wro een blokkeringsbevoegdheid met betrekking tot onderdelen van een ontwerp-bestemmingsplan aan gedeputeerde staten en de minister. Mogelijk wordt dit artikel in de praktijk de rechtsopvolger van het oude art. 28 WRO (provinciale goedkeuring van bestemmingsplannen).

---

[50] A.A.J. de Gier, *Het definitieve voorstel voor een nieuwe Wet ruimtelijke ordening*, Agrarisch recht 2006, p. 546-555. Intussen wijst het PBL op het fenomeen van projectbesluitvorming in een ander juridisch jasje namelijk via het postzegelplan (ad hoc bestemmingsplan voor een klein gebied en/of project). De verhouding tussen bestemmingsplan en (Wro- en later Wabo-) projectbesluit zou althans over de jaren 2008-2011 min of meer gelijk zijn gebleven: ongeveer 80% bestemmingsplan en 20% projectbesluit: PBL, *Ex-durante evaluatie Wet ruimtelijke: tweede rapportage*, Den Haag 2012, p. 18 e.v.

[51] P.J.J. van Buuren, De (on)mogelijkheden van provinciale planologische verordeningen, Bouwrecht 2005, p. 476-481.

[52] F.H. Kistenkas, *De rood-groen-balans in de ruimtelijke ordening*, Openbaar Bestuur 2005 jrg. 15 afl. 10, p. 17-24 en J. Vreke, R.I. van Dam, F.H. Kistenkas, *Provinciaal instrumentarium voor groenrealisatie*, WOt-rapport 15, Wageningen 2005.

De eerste jurisprudentie wijst er intussen wel op dat deze nieuwe bevoegdheid een krachtig middel voor de provincie als planologische doorzettingsmacht is.[53] Daarmee komt toch weer iets van de oude planhiërarchie terug.

2.11 Regionalisering van de RO?

Bij de gemeentelijke bevoegdheden vallen vooral de bovenplanse verevening en het exploitatieplan op. Ook moet geconstateerd worden dat we uiteindelijk toch geen afscheid nemen van art. 19-achtige vrijstellingen: het klassieke RO-spanningsveld tussen planmatige en projectmatige besluitvorming blijft dus gewoon bestaan. Als we evenwel het oude WRO-instrumentarium vergelijken met de nieuwe Wro-instrumenten dan valt bovenal op dat vooral de provincie er veel instrumenten heeft bijgekregen. Weliswaar geldt dat ook voor de rijksoverheid, maar zij had al de rijksprojectenprocedure als voorloper op het projectbesluit en de verschillende interventiebevoegdheden (*nimby* ex art. 40 WRO, aanwijzing ex art. 37 WRO, vervanging ex art. 29 WRO) als voorlopers op de aanwijzing.

Bij de provincie zou daarentegen van een *vervijfvoudiging* van instrumentarium gesproken kunnen worden. In ruil voor alleen streekplan en het toezicht (goedkeuring bestemmingsplannen) krijgt de provincie immers het inpassingsplan, de planologische verordening, de aanwijzing, de structuurvisie en het projectbesluit terug.

> De positie van de provincie in de ruimtelijke ordening is duidelijk versterkt. Men kan nu zelf bindende (regionale cq. bovengemeentelijke) bestemmingsplannen (inpassingsplannen) gaan maken en is daarvoor niet afhankelijk van allerlei gemeenten. Ook kan men via allerhande PRVs als provincie de planologische regie in handen nemen. Het IPO-rapport *Provincies gaan door. De provincies en hun regierol in het ruimtelijk beleid* (Den Haag 2011) geeft daarvan al mooie voorbeelden zoals het PIP voor de integrale gebiedsontwikkeling Waterdunen (Zeeland) of de PRV inzake afspraken over woningbouw en werklocaties (Noord-Brabant).

[53] ABRS 20 oktober 2010 (200910210) inz. reclamemast Peizerweg Groningen; ABRS 2 februari 2010 (200910224) inz. visuele verstoring veldschuur Waalre; ABRS 2 februari 2011 (201009121) inz. visuele verstoring agrarische bedrijfswoning Halderberge en ABRS 23 maart 2011 (201001881) inz. functiewijziging bedrijfsbebouwing naar burgerwoning in Houten strijdig met provinciale ruimte-voor-ruimte regeling in PRV. Zie verder: F.H. Kistenkas, W. Nieuwenhuizen, *Rechtsontwikkelingen landschapsbeleid: landschapsrecht in wording*, bijlage bij WOt-paper 12 - *Recht versus beleid*, WOt-werkdocument 280, Wageningen 2011, p. 25 e.v.

Ofschoon het provinciale toezicht (goedkeuring bestemmingsplannen ex art. 28 WRO) is vervallen, komt er toch weer iets van de oude planhiërarchie terug met name in de vorm van de corrigerende (reactieve) aanwijzing ex art. 3.8 lid 6 Wro.

Al met al lijken we toch van een provincialisering en regionalisering van de ruimtelijke ordening te kunnen spreken. Van traditioneel toezichthouder (goedkeuring bestemmingsplannen) verandert de positie van de provincie in die van mogelijke deelnemer in de ruimtelijke ordening. De weg is vrij voor *regional governance*[54]. Daarmee lijkt door de wetgever een passend antwoord te zijn gegeven op de aloude kwestie van de schaalvergroting binnen de ruimtelijke ordening.

Van een vermindering van planvormen en een vereenvoudiging van de RO is hoe dan ook geen sprake. Integendeel, met name provincies krijgen de beschikking over meer planvormen dan onder de WRO het geval was.

Vooral de PRV lijkt zich bij uitstek te lenen voor ruimtelijke ordening van bovengemeentelijke aard die provinciale bemoeienis met inhoud van gemeentelijke ruimtelijke besluiten noodzakelijk maakt. Gemeenten moeten hun bestemmingsplannen en andere planologische regelingen in overeenstemming brengen met de vereisten uit de PRV (instrumentele functie van de PRV). De verordening krijgt ook een voor de RO-praktijk zeer belangrijke en nieuwe functie als *toetsingsgrond* voor bouw-, aanleg- en sloopvergunningen. Houdt een gemeente zich niet aan deze toetsing aan de eisen van een PRV, dan kunnen zowel burgers als (mede)overheden en maatschappelijke organisaties dit alsnog in rechte afdwingen (waarborgfunctie PRV). De provincie bepaalt dus via de PRV mede de gemeentelijke bouwvergunningverlening.

> De rol van de provincie verschuift van controleur naar deelnemer aan de ruimtelijke ordening. Of liever gezegd: de rol kàn verschuiven. Provincies zijn (behoudens wanneer zij daartoe verplicht worden via bijvoorbeeld een getrapte AMvB) niet verplicht al deze nieuwe instrumenten in te zetten. Ze kunnen het doen, maar moeten het niet. Dat is wellicht de achilleshiel van deze Wro: mooie, interessante en juridisch dwingende instrumenten voor provinciale regievoering, maar als de provincie ze niet in wil zetten dan blijven we toch hangen in het *ancien regime* van de oude WRO.[55]

[54] F.H. Kistenkas, *Regionalisering ruimtelijke ordening*, Openbaar Bestuur 2007-12, p. 12-17.
[55] F.H. Kistenkas, *Nieuwe Wet ruimtelijke ordening*, Vakblad Natuur Bos landschap 2008-4, p. 30.

Het gaat dus om de politieke bereidheid ten provinciehuize. Onderzocht werd reeds die bereidheid en die lijkt voor wat betreft landschap en natuur vooralsnog een beetje tegen te vallen.[56] Als dat zo blijft dan zakken we weer terug in het oude vertrouwde *kick and rush*-voetbal over de provinciale middenlinie heen: niet bindende rijksnota's ("rijksstructuurvisies" in de Wro) en vooral weer het gemeentelijke bestemmingsplan en locale afwijkingsbesluiten zonder veel regionale regie.

[56] D.A. Kamphorst, M. Pleijte, F.H. Kistenkas, P.H. Kersten, *Nieuwe Wet ruimtelijke ordening: nieuwe bestuurscultuur? Voorgenomen provinciale inzet van de nieuwe Wet ruimtelijke ordening (Wro) voor het landelijk gebied*, WOt-rapport 69, Wageningen 2008.

3. Landschap en natuur

3.1 Beleidsstapeling

Een gebied kan beschermd zijn als Natura 2000-gebied (dat zijn de Europese Habitat- en Vogelrichtlijngebieden), als EHS-gebied, als werelderfgoed, als houtopstand in de zin van de Boswet, als landgoed in de zin van de Natuurschoonwet, als gebied bedoeld in het Barro (Besluit algemene regels ruimtelijke ordening, ook wel AMvB Ruimte genoemd), als Nationaal Landschap of zou ook nog eens een Nationaal Park kunnen zijn. Opéénstapeling van deze categorieën is eveneens mogelijk en komt ook veel voor. Zo zijn de meeste Natura 2000-gebieden ook onderdeel van de EHS. Bij de juridische bestudering van het natuur- en landschapsbeleid zou men een volgende onderverdeling kunnen hanteren:

1. Habitat- en Vogelrichtlijn (HVR)
2. Ecologische hoofdstructuur (EHS)
3. Boswet
4. Natuurschoonwet (Nsw)
5. Barro-gebieden
6. Nationale Landschappen
7. Nationale Parken

Binnen één gebied kan sprake zijn van *beleidsstapeling* (Box 4). Veel gebieden in Nederland kennen een hoge beleidsdichtheid voor wat betreft de groene ruimte. Er is dan sprake van zowel natuur- als landschapsbeleid. Zo heeft (een groot gedeelte van) de Veluwe zowel te maken met de Habitat- en Vogelrichtlijn (Natura 2000-gebied) als met de ecologische hoofdstructuur (EHS), de Boswet, de Natuurschoonwet (Nsw-landgoederen), landschapsbeleid (de Veluwe is één van de 20 Nationale Landschappen) en Nationale Parken-beleid (de Veluwe kent twee Nationale Parken).

Al deze gebieden hebben hun eigen rechts(beschermings)regimes. Zo geldt voor projecten en plannen binnen de Europese Habitat- en Vogelrichtlijngebieden (ook wel Natura 2000-gebieden genoemd) de juridisch zware *habitattoets*, waarover meer in het volgende hoofdstuk. Andere gebieden kennen juist geen juridisch sturingsinstrumenten, maar wel andere sturing, zoals financiële of planologische sturing.

Box 4. Nederland op slot?

Beleidsstapeling betekent ook vaak een stapeling van toetsingsregimes. Het ene rechtsregime is strenger dan de andere, met vaak ook andere toetsingscriteria. Wordt er bij een voorgenomen activiteit niet aan deze criteria voldaan, dan zal het bevoegde gezag in beginsel ook geen toestemming voor die activiteit kunnen verlenen. Hoe meer toetsingsregimes van toepassing hoe donkerder het gebied in Figuur 2 wordt (weergave stapeling van toetsingsregimes naar de stand van zaken in 2009). Naast een habitattoets kan er nog een soortentoets, landschapstoets en EHS-toets of zelfs nog meer toetsen gelden. Deze toetsen zijn doorgaans eenzijdig ecologisch (planet) met als gevaar dat men bij hoge beleidsdruk (en toetsingsdruk) deze gebieden als "op slot" ervaart en het draagvlak vermindert.

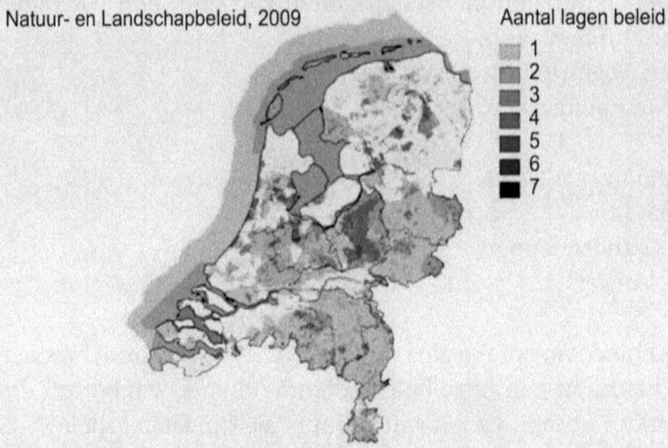

Figuur 2. Stapeling van toetsingsregimes naar de stand van zaken van natuur- en landschapsbeleid in 2009.

Zou voor duurzaam ruimtegebruik een duurzaamheidsweging wellicht een betere rechtsvindingsmethode kunnen zijn dan toetsing aan rigide criteria? (zie daarover reeds Hoofdstuk 1).

De AMvB Ruimte introduceert zelfs nog een aantal extra toetsen: een *nee, tenzij*-toets voor landschappelijke en cultuurhistorische kwaliteiten van de Waddenzee, een *nee, tenzij*-toets voor het IJsselmeer onderscheidelijk het Kustfundament en een *ja, mits*-toetsen voor erfgoederen van uitzonderlijk universele waarden. Voorts krijgen de *nee, tenzij*-toets voor de EHS en de *ja, mits*-toets voor de Nationale Landschappen eindelijk ook een juridische status. De AMvB Ruimte van het kabinet-Rutte verhoogt dus in wezen het aantal rechtsregimes en verzwaart dus de beleidsstapeling.

In Bijlage I achterin dit boek is een schema opgenomen van de diverse en meestal dus gestapelde beleidsvelden en rechtsregimes voor natuur en landschap.

We beperken ons in dit hoofdstuk tot het nationale natuur- en landschapsbeleid. Het Europese natuurbeleid komt in het volgende hoofdstuk aan de orde.

3.2 Nationale Parken

Nederland kent 20 Nationale Parken. Ze gelden als kerngebieden van de Ecologische Hoofdstructuur (EHS). Het zijn aaneengesloten gebieden van tenminste 1.000 ha, bestaande uit natuurterreinen met een bijzondere landschappelijke kwaliteit, een rijk planten- en dierenleven en mogelijkheden voor recreatief medegebruik. Vaak is eigendom en beheer enigszins versnipperd. Elk Nationaal Park (NP) heeft een *overlegorgaan* waarin eigenaren, beheerders en bestuurders zijn vertegenwoordigd. De voorzitter wordt door de minister benoemd. In het overlegorgaan worden beheer, recreatieve en educatieve activiteiten, voorlichting en onderzoek afgestemd.

Er is geen sprake van juridische sturing. Het ministerie wijst er juist met klem op dat de instelling van een Nationaal Park "geen extra juridische gevolgen met zich meebrengt"[57].

Voor elk Nationaal Park is een eenmalige bijdrage in de realisatie van een *bezoekerscentrum* voorzien of andere informatievoorziening en een jaarlijkse bijdrage in de extra kosten die samenhangen met de doelstellingen van Nationale Parken. Er is dus wel sprake van financiële sturing.

Het NP-beleid beoogt een beheer dat de (soms sterk versnipperde) eigendomssituatie overstijgt, wil ook aandacht voor natuurgerichte *recreatie* en *educatie* en wil via het overlegorgaan een afstemming bevorderen tussen betrokken bestuurlijke instanties, eigenaren en beheerders. Het overlegorgaan houdt zich ook bezig met uitvoering van het Beheer- en Inrichtingsplan (BIP) van het Nationaal Park.

De twintig Nationale Parken zijn: De Hoge Veluwe, Veluwezoom, Schiermonnikoog, Dwingelderveld, De Weerribben (dat onderdeel is van het in oprichting zijnde Nationaal Park Weerribben-Wieden), De Groote Peel, De Biesbosch, De Meinweg, Zuid-Kennemerland (waarin het voormalige

[57] Landbouw, Natuur en Voedselkwaliteit (LNV), *Nationale Parken*. Doen & Laten, 2007-3, p. 14.

> Nationaal Park De Kennemerduinen is opgenomen), De Maasduinen (waarin het voormalige Nationaal Park De Hamert is opgenomen), Drents-Friese Wold, Grenspark De Zoom-Kalmthoutse Heide, De Loonse en Drunense Duinen, Duinen van Texel, Oosterschelde, Nationaal beek- en esdorpenlandschap Drentsche Aa, Utrechtse Heuvelrug, Lauwersmeer, De Sallandse Heuvelrug en De Alde Faenen.

Het NP-beleid is al betrekkelijk oud beleid. Reeds in 1969 stelde de *International Union for Conservation of Nature and Natural resources* (IUCN) – tegenwoordig de *World Conservation Union* (WCU) geheten – voor om het begrip Nationaal Park te reserveren voor gebieden die primair als natuurgebied kunnen worden gekarakteriseerd. Ter uitvoering van de IUCN-resolutie is Nederland in 1971 gestart met het opzetten van een NP-beleid. Deze resolutie lijkt inzet van de hoogste dus landelijke overheidslaag te vereisen, waardoor wegdecentraliseren naar lagere overheidsechelons strijdig met deze resolutie lijkt. In de Nota Nationale Parken uit 1975 werden de potentiële parken opgesomd. Thans richt het beleid zich op uitbreiding van de bestaande parken (zo werden recentelijk nog de Weerribben uitgebreid met de Wieden), kwaliteitsverhoging en grotere bekendheid bij het publiek.

Met het accent op recreatie en toerisme komt men in toenemende mate ook het natuurbeschermingsrecht met zijn strenge Natura 2000-(habitat)toets en vaak ook nog eens EHS-toets (beleidsstapeling) tegen. Toegankelijkheid van natuurgebieden is dan vaak een probleem (Box 5).

Box 5. Recreatie en natuur: right of way?

Recreatie botst in Nederland steeds vaker met het landschaps- en natuurbeschermingsrecht (Figuur 3), althans in de rechtszaal. Zo was er de zaak van de aanleg van het schelpenvoetpad door de duinen van Katwijk (habitatrichtlijngebied Meijendel en Berkheide). Zo'n 100 m2 van het prioritaire habitattype *grijze duinen* ("vastgelegde kustduinen met kruidvegetatie") zou verloren gaan ten behoeve van de aanleg van dat voetpad. Oppervlakte-uitbreiding en kwaliteitsverbetering van grijze duinen was echter gewenst in verband met de landelijk zeer ongunstige staat van instandhouding en de grote verantwoordelijkheid van Nederland voor dit habitattype in Europa. Zie de uitspraak van de Raad van State van 19 december 2007, gemakkelijk terug te vinden onder zaaksnummer 200700097/1 op de website www.raadvanstate.nl.

Figuur 3. Right of way in Nederland?

Ook is er de zaak van het racen met *kitebuggies* over het natuurstrand van Schouwen-Duiveland deeluitmakend van het Natura 2000-gebied Voordelta (Raad van State 14 mei 2008, 200704100/1). Dit brede en rustige stuk strand is niet alleen geliefd bij de gewone zeehond en de drieteenstrandloper, maar ook bij *kitebuggy*-coureurs die zich op een karretje laten voorttrekken door een vlieger en daarbij hoge snelheden kunnen halen.

Voor natuur en landschap geldt in Nederland geen onbeperkte toegankelijkheid zoals in sommige landen met hun *right of way*. In sommige Scandinavische en Angelsaksische landen geldt nog steeds het *right of way*-beginsel: een in principe onbeperkte toegang tot het buitengebied. Je mag in beginsel gewoon overal wandelen, paardrijden of moutainbiken, tenzij er een verbodsbordje staat. Dat is eigenlijk precies omgekeerd aan de Nederlandse situatie: je mag er pas in als het opengesteld is.

In Engeland en Wales is er een algemeen rechtsbeginsel van doorgang (*right of way*) in het buitengebied dat ook is vastgelegd in de wet (de vermaarde *Countryside and Rights of Way Act 2000*). Wel is er bij die gelegenheid voor het eerst een soort afbouw (moratorium) afgekondigd voor die paden die wel in gebruik waren voor 1949 maar die niet zullen zijn vastgelegd op een kaart van de locale overheid in 2026. De gemeentelijke overheid moet dus gaan bepalen welke publieke *rights of way* nog gelden en welke automatisch zullen stoppen op 1 januari 2026. In wezen wordt het aantal *rights of way* dus afgebouwd en beperkt tot een limitatief aantal zoals is terug te vinden op gemeentelijke (plan)kaarten en die bovendien ook in het veld als zodanig gemarkeerd moeten worden door de gemeente. Men lijkt dus een beetje af te willen van deze oude traditie.

Schotland kent daarentegen nog wel een algemene veronderstelling van toegang tot het gehele buitengebied. Het Schots parlement heeft dit nog vrij recentelijk bevestigd in de wet (*Land reform Act 2003*). Deze wet formaliseerde de lange traditie van ongehinderde doorgang in het buitengebied. Er is wel een vrijwillige *Outdoor Access Code*. Het right of way in Schotland is dus beduidend ruimer dan dat in Engeland, waar het recht beperkt wordt tot bepaalde paadjes en ook nog afgebouwd wordt over een lange periode. Schotland lijkt het meest verregaande stelsel van vrije toegang ter wereld te hebben, want ook landen als Nieuw-Zeeland en Zweden lijken *right of way* respectievelijk *Allemansrätt* een beetje te willen afbouwen. Denemarken schijnt er al helemaal mee gestopt te zijn.

Er is intussen in Schotland wel groeiende kritiek op dit ruime principe van right of way. *Scottish Natural Heritage* (SNH) maakt melding van paden die vaak zwaar door landeigenaren aangevochten worden en men is vooral ook bezorgd voor de potentiële schade die kan ontstaan door het principe van onbeperkte doorgang in allerlei kwetsbare natuur.

Er zijn al problemen met Schotse Natura 2000-gebieden met veel broedvogels. Ook watersport levert problemen op. Deze poogt men vooralsnog op te lossen met juridisch niet-bindende guidances. Monitoring vindt momenteel nog plaats en daarna zal evaluatie volgen.

Het in sommige landen nog bestaande beginsel van *right of way* (met een toegankelijkheidsregime van *ja, tenzij*) kan voortdurend botsen met de nieuwe *nee, tenzij*-rechtsregimes voor natuur en landschap. Deze *nee, tenzij*-regimes zijn van europeesrechtelijke origine (habitattoets, soortentoets) of zijn van nationaal recht (zoals de Nederlandse EHS en het landschapsrecht uit het Besluit algemene regels ruimtelijke ordening/AMvB Ruimte).

Een beginsel van vrije doorgang gaat uit van "toegang mag, tenzij" in plaats van de in het natuur- en landschapsrecht steeds meer gebruikelijke *nee, tenzij*-regime.

Voor alle EU-lidstaten geldt de juridisch bindende habitattoets voor Natura 2000-gebieden. In Nederland is een voetpad door de duinen en het recreatief gebruik van het strand op Schouwen-Duiveland al aanleiding geweest tot natuurjurisprudentie; zie ABRS 19 december 2007 (200700097/1) over een voetpad door Natura 2000-gebied Meijendel en Berkheide nabij Katwijk respectievelijk ABRS 14 mei 2008 (200704100/1) over recreatie in Natura 2000-gebied Voordelta op het strand van Schouwen-Duiveland.

Met betrekking tot de EHS liep de aanleg van een recreatief fietspad ook al tegen het *nee, tenzij*-kader op[1]: niet alleen in verband met "significante aantasting van de factor

[1] Rechtbank Utrecht 30 juli 2008, Journaal Flora en fauna (JFf) 2008, 157 inzake fietspad over EHS en Nationaal Park Utrechtse Heuvelrug, tracé Doorn.

rust" en "uitstraling naar de omgeving", maar vooral ook omdat "niet op voorhand aannemelijk is dat een groot openbaar belang wordt gediend met de aanleg van het fietspad". De oplossing moet van geval tot geval gevonden worden langs het *nee, tenzij*-afwegingskader en niet langs een *ja, tenzij*- kader zoals dat van right of way. Voor EHS en Natura 2000 geldt in beginsel *nee* en niet een *ja*. De rechtsuitgangspunten botsen hier dus.

Je kunt dan juridisch-theoretisch gezien wellicht beter maar gewoon aansluiten bij dit *nee, tenzij*-kader en uitgaan van het beginsel van "geen toegang, tenzij aangegeven dat het wel mag".

Via het *nee, tenzij*-afwegingskader zal getoetst moeten worden aan instandhoudingsdoelstellingen en EHS-waarden van het desbetreffende gebied waar men toegankelijkheid wil realiseren. De europeesrechtelijke instandhoudingsdoelstellingen (*conservation objectives*) en EHS-waarden zullen in concreto doorslaggevend moeten zijn en niet een rechtshistorisch uitgangspunt van vrije doorgang.

3.3 Landschapsbeleid

Naast het natuurbeleid is er sinds de Nota Ruimte (2005) ook sprake van een apart landschapsbeleid. De Nota Ruimte onderscheidde twee varianten van landschapsbeleid:

1. specifiek landschapsbeleid (geldend voor een twintigtal *Nationale Landschappen*);
2. generiek landschapsbeleid (geldend voor het hele land).

Voor beiden geldt dat de provincie primair verantwoordelijk is en dat via het ruimtelijke spoor (de Nota Ruimte uit 2005 sprak uiteraard nog van streekplannen) één en ander uitgewerkt moet worden. De opvolger van de Nota Ruimte, de Structuurvisie Infrastructuur en Ruimte (SVIR, ontwerpversie uit 2011), handhaaft de beleidscategorie van Nationale Landschappen en introduceert voor het hele land een generieke "ladder" voor zorgvuldige ruimtebenutting.

Nationale Landschappen

Nationale Landschappen zijn gebieden waarin een bijzondere samenhang bestaat tussen de verschillende onderdelen van het landschap zoals natuur, reliëf, grondgebruik en bebouwing (bijvoorbeeld dorpsgezichten en forten).

In de Nota Ruimte waren reeds 20 Nationale Landschappen met hun specifieke kernkwaliteiten opgenomen. De SVIR handhaaft deze 20 gebieden met hun kernkwaliteiten, maar ziet dit specifieke landschapsbeleid niet langer als een rijksverantwoordelijkheid doch als een provinciale aangelegenheid. Eigenlijk zijn de Nationale Landschappen daarmee dus provinciale landschappen geworden.

Ruimtelijke ontwikkelingen zijn mogelijk binnen deze Nationale Landschappen, mits de *kernkwaliteiten* van het desbetreffende landschap behouden worden of worden versterkt. Dit noemt men het *ja, mits*-toetsingsregime (Box 6). Provincies zullen de kernkwaliteiten nader moeten uitwerken.

Box 6. Landschapstoets.

In theorie zou het mogelijk zijn om een algemene erfgoedtoets voor zowel natuur als cultuurhistorisch landschap in de wet op te nemen. Zo'n integrale landschapstoets zou dan naar voorbeeld van de habitattoets kunnen worden gemodelleerd en zou zo ook kunnen gelden voor EHS, Nationale Landschappen, cultuurhistorische erfgoederen en andere thans nog juridisch gebrekkig beschermde doch waardevolle gebieden.
Zo'n vergezocht idee is het nou ook weer niet, want alles is gewoon af te kijken van de oude vertrouwde habitattoets. Het *Besluit algemene regels ruimtelijke ordening* (ook wel de *AMvB Ruimte* genoemd) introduceert in wezen al zo'n landschapstoets. Weliswaar is deze beperkt tot de Waddenzee, maar toch...
De toelichting erkend ook ruiterlijk dat deze landschapstoets is afgekeken van de habitattoets uit de Natuurbeschermingswet. Het gaat dan ook weer om de bekende begrippen als significantie, passende (landschappelijke) beoordeling, beperken van negatieve effecten, aantonen van zwaarwegende redenen van groot openbaar belang en alternatievenbeoordeling. Bij significantie gaat het om de gevolgen voor landschappelijke en cultuurhistorische kwaliteiten. Deze staan ook in de AMvB en omvatten waarden als rust, weidsheid, open horizon, maar ook historische scheepswrakken en "verdronken en onderslibde nederzettingen en ontginningsporen, waaronder de dam naar Ameland".
Cultuurhistorie, landschap en natuur komen zo steeds meer samen in één toets. Dat lijkt een goede zaak, want in het veld is het vaak ook één geheel. Soms is het zelfs letterlijk één hutspot van cultuurhistorie, landschap en natuur zoals bijvoorbeeld de foto (Figuur 4) van een ruim 90 jaar oud slagveld uit de Eerste Wereldoorlog tussen Passendale en Ieper laat zien: bomkraters met Engelse loopgraven en tunnelstelsels in een overigens rustig en verlaten bosgebied.

Figuur 4. Engelse loopgraven uit de Eerste Wereldoorlog.

Zou zo'n landschapstoets niet ook voor andere gebieden door de provincies kunnen worden opgepakt? Zij kunnen immers nu provinciale ruimtelijke verordeningen (PRVs) maken die voor bouwvergunningverlenende gemeenten bindend zijn en kunnen daarin ook een landschapstoets voor andere waardevolle gebieden instellen. Want duidelijk is dat zonder dwingende juridische toets je bij de (bouw)planontwikkeling niet meetelt en de verrommelling onbekommerd kan doorgaan.

Als kernkwaliteiten van bijvoorbeeld het Groene Hart formuleerde de Nota Ruimte[58] achtereenvolgens de grote mate van openheid, de strokenverkaveling met hoog percentage water-land en het veenweidekarakter.

Over het begrip *openheid* is inmiddels ook al in rechte geprocedeerd. Bij de Raad van State kwam de *verrommeling* (zie Box 7) van het Groene Hart ter sprake in verband met een rechtszaak over een nieuw, mogelijk illegaal gebouwd recreatiepark (ABRS 15 augustus 2007, gemeente Alkemade).

> Ruim 70 nieuwe recreatiewoningen mochten van de Raad van State blijven bestaan, terwijl in de Nota Ruimte was bepaald dat openheid juist een kernkwaliteit moet zijn van het als Nationaal Landschap aangeduide Groene Hart. Bouwen in een Nationaal Landschap met als kernkwaliteit "openheid" is strijdig met de Nota Ruimte, vindt ook de Raad van State. Maar een beleidsnota is geen wet en heeft dus geen dwingende werking. De rechter zegt dus: u hebt gelijk, maar u krijgt het niet, want de Nota Ruimte is juridisch niet bindend

[58] En in vervolg daarop noemt ook de SVIR (2011) op p. 91-92 weer openheid, veenweidekarakter, diversiteit, rust en stilte.

voor de lagere overheid ("gemeente is niet gebonden aan rijksbeleid uit nota"). Terwijl het dus wel in strijd met de nota is, kan de *verrommeling* kennelijk doorgaan.

Als openheid nu in een wettelijk voorschrift, een algemene maatregel van bestuur (AMvB) of een provinciale ruimtelijke verordening (PRV als bedoeld in de nieuwe Wet ruimtelijke ordening) had gestaan en was uitgewerkt, dan hadden de tegenstanders van verrommeling wel gelijk gekregen. De les lijkt i.c. dus simpel: zorg voor juridische hardheid[59].

Box 7. De verrommelingsparadox.

Over het verrommelde Nederlandse landschap werd ooit eens opgemerkt:"Wees toch zuiniger op je landschap en aap de randstad niet zo na".[1] Streekeigen bouwen maakte immers ooit plaats voor verrommeling. Vaak is onze pavlov-reactie dan dat er weer meer gedecentraliseerd zou moeten worden, want welke overheidslaag zou nou beter weten wat streekeigenheid is dan de laagste overheidslaag, de gemeente... Veertig jaar Wet Ruimtelijke Ordening (WRO) legde het zwaartepunt echter altijd al bij die gemeenten. Zij maakten immers het juridisch beslissende bestemmingsplan en zij verleenden uiteindelijk de bouwvergunning of aanlegvergunning. Is de lokale democratie eigenlijk wel zo geschikt om verrommeling te voorkomen en streekeigen bouwen en inrichting te stimuleren? Bouwrecht en ruimtelijke ordening werden jarenlang gedomineerd door de gemeente, niet zozeer door rijk en provincie. Juist de gemeentelijke overheden zouden het verwijt van verrommeling zich moeten aantrekken. Zij waren de afgelopen decennia feitelijk de baas in RO-land.

Op nationaal niveau, in de Nota Ruimte, werden in 2005 krachtdadig en centralistisch Nationale Landschappen voorgesteld met elk een aantal te beschermen kernkwaliteiten. Ook de nieuwe Wro gaf vervolgens veel nieuwe bevoegdheden juist aan de centrale en regionale overheid. De *AMvB Ruimte* lijkt evenwel alweer een decentralisatietrend in te zetten nu veel aan getrapte doorwerking via provinciale

[1] H. Elerie, Th. Spek, *Van Jeruzalem tot Ezelakker*, Matrijs, Utrecht 2009, p. 190 en F.H. Kistenkas, *Verrommeling in het landschapsbeleid*, Openbaar Bestuur 2010-3, p. 28-31.

[59] Vgl. Ook de motie Van Gent/Van der Ham (Tweede Kamer 2007-2008, 31 200 XIV, nr. 54), waarin de regering naar aanleiding van deze uitspraak wordt verzocht om i.c. afdwingbare wetgeving (bijv. een AMvB) te maken. In december 2011 verschijnt de AMvB Ruimte, maar daarin wordt met geen woord gerept over Nationale Landschappen. In de SVIR (p. 91) laat het rijk deze immers over aan de provincies. Alsdan zou een PRV of een PIP voor juridische hardheid kunnen zorgen.

ruimtelijke verordeningen wordt overgelaten. De stap naar gemeentelijke normstelling is dan zo weer gezet, zeker nu het kabinet Rutte in 2010 al liet blijken voorstander te zijn van het wegdecentraliseren van ruimtelijk beleid.

Dit brengt ons op de volgende paradox: in plaats van verrommeling willen we in Nederland weer meer streekeigenheid; om die streekeigenheid te stimuleren willen we weer meer decentraliseren, maar decentralisatie blijkt juist weer tot meer verrommeling te leiden. De uitweg uit deze negatieve spiraal van decentralisme lijkt te zijn om meer in te zetten op regionale, centrale of althans bovengemeentelijke aansturing. Stel iets of iemand boven die bouwlustige wethouder die in z'n vier jaar snel resultaat wil zien door het *sans scrupules* volbouwen van weer een stuk groen landschap. Het falende landschapsbeleid wordt ook al buiten juridische kring toegeschreven aan de verregaande decentralisatie. Voor gemeenten zou landschap vaak een posterioriteit zijn. Ook is al gepleit voor meer Europese sturing van ruimtelijke ordening en landschapsbeleid.

De oude WRO legde het zwaartepunt bij de gemeente. De nieuwe Wro geeft daarentegen alle overheidslagen nu een kans. Alle lagen kunnen bestemmingsplannen maken: rijksinpassingsplan (RIP), provinciaal inpassingsplan (PIP) en gemeentelijk bestemmingsplan. Het lijkt wel op een dialectiek van *these* (gemeentelijk zwaartepunt in oude WRO), *antithese* (alle overheden kunnen aan RO doen in nieuwe Wro) en een mogelijke *synthese* in een toekomstige omgevingswet waarbij, al dan niet Europees aangestuurd, de centrale en regionale overheid de RO gaan domineren.

In elk geval valt het te hopen dat onze nationale landschappen niet af zullen glijden tot gemeentelijke landschappen.

Generiek landschapsbeleid

Generiek zou overal en voor alle ruimtelijke besluiten een zogenoemde *ladder voor zorgvuldig ruimtegebruik* moeten gelden. De SVIR omschrijft deze ladder als een procesvereiste die ontleend is aan de reeds bestaande SER-ladder (de Sociaal Economische Raad had eerder al zo'n beslisladder voor bedrijventerreinen voorgesteld). Dit houdt in dat bij vaststelling van een ruimtelijk plan gemotiveerd wordt hoe een zorgvuldige afweging is gemaakt van het ruimtegebruik. Deze werkt met de volgende stappen (de drie "treden" van de ladder:

1. In de toelichting bij een bestemmingsplan wordt met het oog op het *voorzien in een aantoonbare regionale of intergemeentelijke behoefte* (cursivering van de auteur) aan bedrijventerreinen, haventerreinen, kantoren,

detailhandel, woningbouwlocaties en andere stedelijke voorzieningen beschreven op welke wijze rekening is gehouden met de navolgende voorkeursvolgorde.

2. Het voorzien in de behoefte binnen een bestaand stedenbouwkundig samenstel van bebouwing ten behoeve van wonen, dienstverlening, bedrijvigheid, detailhandel en horeca, alsmede de daarbij behorende openbare of sociaal-culturele voorzieningen, stedelijk groen en infrastructuur, met uitzondering van lineaire bebouwing langs wegen, waterwegen of dijken, door locaties voor herstructurering of transformatie te benutten.
3. Het voorzien in de behoefte op locaties die passend, gebruikmakend van verschillende middelen van vervoer, ontsloten zijn (multimodale ontsluiting) of als zodanig worden ontwikkeld.

Deze drie treden zouden in het *Besluit ruimtelijke ordening* (afgekort tot Bro, zijnde een AMvB) een wettelijke basis moeten gaan krijgen. Zwak punt is dat deze *Bro-ladder* slechts een procesvereiste stelt; je moet als overheid je plan zorgvuldig motiveren. Je moet tekstueel blijk geven van een zorgvuldige afweging. Een inhoudelijke toets (zoals een *ja, mits*-toets of een *nee, tenzij*-toets) is het dus niet. Handig formuleren van een tekst lijkt dus genoeg. De Nota van Toelichting bij de AMvB Ruimte lijkt dat ook te bevestigen: het nieuw voorgestelde Bro-artikel "is niet gericht op een beschreven resultaat". Het is dus geen harde juridische resultaatsverbintenis doch slechts een (juridisch zachte) inspanningsverbintenis.

Dat lijkt een grote achteruitgang ten opzichte van het eerder in de Nota Ruimte (2005) voorgestelde generieke landschapsbeleid. Provincies zouden aanvankelijk in hun streekplannen aandacht moeten besteden aan *landschap ontwikkelen met kwaliteit*. Dit *landschap ontwikkelen met kwaliteit* werd ook wel kortweg het *LOK-beleid* genoemd. Nu streekplannen inmiddels tot het *ancien regime* van de WRO behoren, zou hier onder de nieuwe Wro gedacht kunnen worden aan provinciale structuurvisies, maar wellicht ook aan bindende provinciale inpassingsplannen. Een goede doorwerking van het provinciale beleid en een bijbehorende adequate borging is immers essentieel, zo merkte ook de Nota Ruimte op, omdat ruimtelijke afwegingen op gemeentelijk niveau een zeer grote invloed hebben op de kwaliteit van het landschap (Box 8). Het rijk *stimuleert* LOK (zogenoemd "stimulerend beleid", in tegenstelling tot "dwingend beleid") door een *kwaliteitsagenda* te publiceren als uitwerking van de kernkwaliteiten.
In 2009 verscheen de *Agenda Landschap* met als beleidsdoel dat in 2020 Nederlanders het hele landschap gemiddeld een rapportcijfer 8 zullen geven. De reeds gemeten (belevings)waardering is de afgelopen jaren weliswaar toege-

nomen, maar het 2020-beleidsdoel zaal hoogstwaarschijnlijk niet gehaald worden. Een sanctie op het niet-behalen van dat doel is er niet: het is geen juridisch afdwingbaar beleid.

De oude LOK-kernkwaliteiten hadden betrekking op vier categorieën. De Nota Ruimte noemt achtereenvolgens:

- *natuurlijke* kwaliteit (w.o. ook bodem en aardkunde);
- *culturele* kwaliteit (w.o. weer cultuurhistorie: het oude Belvedere-beleid);
- *gebruiks*kwaliteit (denk aan recreatie);
- *belevings*kwaliteit (w.o. ook rust, ruimte, stilte en duisternis).

Box 8. Provinciaal landschapsbeleid.

Een regelmatige terugkerende mantra van gemeenten in dit land is dat provincies af moeten blijven van de gemeentelijke ruimtelijke ordening. Lokale autonomie is altijd heilig in het Nederlandse staatsbestel van de gedecentraliseerde eenheidsstaat. Zeker ook op planologisch gebied. Daarom werd immers de provinciale goedkeuring van bestemmingsplannen in de nieuwe Wet ruimtelijke ordening (Wro) afgeschaft. Provinciale inmenging middels goedkeuring was te betuttelend voor gemeenten. Betekent dit dat provincies niet of nauwelijks meer iets aan landschaps- en natuurbeleid kunnen doen?

Nee, provincies moeten niet bang zijn voor die gemeentelijke mantra's. In juridische kring was er al stilletjes de verwachting dat de nieuwe provinciale bevoegdheid van de *reactieve aanwijzing* (art. 3.8 lid 6 Wro) zonder veel problemen als rechtsopvolger van het oude goedkeuringsrecht kon worden gezien. Het wachten was evenwel op nieuwe jurisprudentie die dat bevestigde. Waarschijnlijk is die er nu.

De eerste landschapsuitspraak waarin de reactieve aanwijzing de rol van de preventieve goedkeuring inderdaad ook lijkt over te nemen is de uitspraak van de Raad van State van 20 oktober 2010[1] waarin de gemeente Groningen de bekende mantra's in stelling brengt tegen de provincie, maar nul op het rekest krijgt. Blijkens de provinciale ruimtelijke verordening (PRV) en het POP (provinciaal omgevingsplan) wil de provincie Groningen in verband met het voorkomen van ontsiering van het landschap geen hogere reclamemasten dan 6m. In het gemeentelijke bestemmingsplan voor het bedrijventerrein Peizerweg kon daar echter van afgeweken worden via een

---

[1] ABRS 20 oktober 2010, *gemeente Groningen vs. provincie Groningen*, onder zaaknummer 200910210 gemakkelijk terug te vinden op www.raadvanstate.nl. Zie voorts: F.H. Kistenkas, W. Nieuwenhuizen, *Rechtsontwikkelingen landschapsbeleid: landschapsrecht in wording*, bijlage bij WOt-paper 12 - *Recht versus beleid*, WOt-werkdocument 280, Wageningen 2011, p. 25 e.v.

ontheffing voor "bouwwerken geen gebouw zijnde" tot zelfs 10 m.
De gemeente beklaagt zich in deze zaak erover dat de provincie de reactieve aanwijzing inzet "als een verkapte vorm van onthouding van goedkeuring" en beschuldigt de provincie van "oneigenlijk gebruik" van deze nieuwe bevoegdheid. De Raad van State wil hier echter niks van weten: de provincie kon zich in redelijkheid het voorkomen van *ontsiering van het landschap* als een provinciaal belang aantrekken. De provincie kan dus de reactieve aanwijzing inzetten ten behoeve van het landschapsbeleid. Het feit dat er al algemene regels in een PRV en provinciale beleidsregels in het POP vastgelegd waren, is kennelijk voldoende rechtsgrond voor een aanwijzing aan een gemeente om zijn ontwerp-bestemmingsplan in overeenstemming te brengen met het provinciale landschapsbeleid.
Wel roept de rechter de woorden van de minister bij de parlementaire totstandkoming van de nieuwe Wro nog even in herinnering: de reactieve aanwijzing zou niet de functie mogen vervullen van "een permanent inzetbaar handhavingsinstrument voor het naleven van bestuurlijke afspraken of afdwingen van beleidsopvattingen" en een "seriële aanwending" van deze aanwijzingsbevoegdheid zou niet passen in het stelsel van de Wro. Wat permanent en serieel precies is, weet natuurlijk niemand. Ook de Raad van State gaat er wijselijk niet verder op in.
Wat deze uitspraak ons vooral leert is dat de provincie zich ook onder de nieuwe Wro niet bang hoeft te laten maken door de gebruikelijke gemeentelijke mantra's als verkapte onthouding van goedkeuring, gemeentelijke autonomie of oneigenlijk gebruik. Met de reactieve aanwijzing kan de provincie effectief hen onwelgevallige bestemmingsplannen blokkeren, ook of misschien wel juist in verband met landschappelijke ontsiering.

3.4 Barro-gebieden

Het *Besluit algemene regels ruimtelijke ordening* (Barro), ook wel AMvB Ruimte genoemd, introduceerde eind 2011 een aantal nieuwe beschermde landschapscategorieën met eigen beschermingsregimes: Waddenzee, IJsselmeer, kustfundament en (wereld)erfgoederen. Ook een reeds bestaande landschapscategorie als de ecologische hoofdstructuur (EHS) krijgt daarin een plaats. Het gedeelte over de erfgoederen trad niet meteen in werking en ook de regels over IJsselmeer en EHS zouden later volgen (Box 9).

Box 9. Nieuwe AMvB Ruimte (Barro).

In juni 2011 werd de langverwachte opvolger van de Nota Ruimte, de *ontwerp-Structuurvisie Infrastructuur en Ruimte* (SVIR), gepubliceerd. Daarin is decentralisatie het allesoverheersende beleidsvoornemen ("decentraal, tenzij...") en zou "vertrouwen in medeoverheden" de basis moeten zijn voor het ruimtelijke beleid. Het kabinet-Rutte gaat er vanuit dat nationale belangen door lagere overheden als vanzelf goed zouden worden behartigd. In de Structuurvisie wordt daarom gezegd dat deze regering bestemmingsplannen niet zal controleren en toetsen op correcte doorwerking van nationale belangen (SVIR, p. 72).

Waar lokale overheden dat vertrouwen aan verdiend hebben, is mij na het ruim dertig jaar volgen van gemeenterecht en ruimtelijk bestuursrecht niet helemaal duidelijk. Ook in de *Ex-ante evaluatie Structuurvisie Infrastructuur en Ruimte*[1] wordt er al kritisch op gewezen dat vooral bij kleine gemeenten de waarborging van het ruimtelijk relevante beleid tekort schiet door onvoldoende prioriteit, capaciteit en/of kennis en dat dit vertrouwen in de lagere overheid dus risico's inhoudt. Een ander onderzoek gaf ook al het beeld van gemeenten die de complexiteit van de ruimtelijke ordening niet aankunnen en het opstellen van ruimtelijke plannen en zelfs ook al het juridisch afhandelen van bezwaarschriften en zienswijzen steeds vaker uitbesteden aan dure adviesbureau's. Decentralisatie ofwel *downscaling* leidt met andere woorden tot *outsourcing*. Dat uitbesteden van bestemmingsplanprocessen houdt bovendien ook het gevaar in dat deze steeds meer uit de publieke sfeer worden weggezogen.[2]

Vanwaar nu opeens dat vertrouwen in de lagere overheid?

Vertrouwen is goed, maar controle is beter. Zeker nu het bij de Structuurvisie behorende algemene maatregel van bestuur (AMvB Ruimte) allerlei nieuwe en extra rechtsregimes introduceert. We hebben de Rijksbufferzones en de Snelwegpanorama's moeten inleveren, maar daarvoor krijgen we in het landschapsrecht een veelvoud aan nieuwe rechtsregimes terug: erfgoederen, kustfundament, IJsselmeer, Waddenzee en provinciale Nationale Landschappen. Zelfs het overbekende *nee, tenzij*-regime van de EHS wordt eindelijk eens wettelijk geborgd en is daarmee dan van planologisch concept ook een harde juridisch afdwingbare toets geworden. Daarnaast gaat generiek, dus voor alle ruimtelijke besluiten, een zogenoemde ladder voor zorgvuldige ruimtebenutting gelden (voorheen ook wel SER-ladder genoemd). Die komt in een andere AMvB, namelijk het Besluit ruimtelijke ordening (Bro). Wat altijd maar vage

[1] R. Kuiper, D. Evers, *Ex-ante evaluatie Structuurvisie Infrastructuur en Ruimte*, PBL Den Haag 2011, p. 45.

[2] J. Grijzen, *Outsourcing planning. What do consultants do in regional spatial planning in the Netherlands*, Amsterdam University Press, Amsterdam 2010 en F.H. Kistenkas, *Ruimtelijke ordening uitbesteden?*, Openbaar Bestuur 2011-6/7, p. 29-30.

planologische noties waren (EHS, erfgoederen, SER-ladder etc.), wordt nu wettelijk verankerd. Een AMvB is immers dwingende wetgeving.

Beleidsmatig zijn er dus weliswaar beleidscategorieen geschrapt of overgelaten aan het provinciaal niveau en wordt ingezet op decentralisatie, maar juridisch gesproken zijn er dus rechtsregimes bijgekomen. Beleidsmatig verkondigt dit kabinet-Rutte vermindering van regeldruk en ruim baan voor projectontwikkelaars en het vrije ondernemerschap, maar juridisch daarentegen doet men precies het omgekeerde. Er komen juist extra regels en rechtsregimes bij. Dat duidt op een *contrapunt* van recht (centralisatie en regulering) versus beleid (decentralisatie en deregulering).[3] Wat men beleidsmatig roept, wordt juridisch niet gedaan. Dat is op zich gunstig voor het landschappelijk erfgoed, want de rechtsbescherming neemt gewoon toe. Net als in de polyfonie behoeft dit geen dissonant te zijn maar kan het juist een mooi contrapunt opleveren.

Probleem is vervolgens dat je op de naleving van die nieuwe rechtsregimes wel als nationale overheid moet toezien. Op de daadwerkelijke naleving van die rechtsregimes door de lagere overheden ("mede-overheden") zou je als kabinet niet zomaar moeten vertrouwen. Controle is beter. En centrale controle is het allerbest.

De les die we kennelijk steeds weer moeten leren is dat met uitsluitend planologische en financiële sturing gebieden nog niet voldoende beschermd zijn. Waardevolle gebieden moeten we begrenzen, bestemmen, maar vooral ook beschermen (de trits van de drie B's). Bestemmen en begrenzen dat doe je via de planologie, maar beschermen doe je met dwingende juridische instrumenten. Naast stimulerend beleid heeft de overheid ook dwingend beleid nodig. In de bestuurskundige vakliteratuur heet dat de optimale sturingsmix of gewoon kortweg: *smart regulation*.[4]

Zachte planologische sturing in ruimtelijke nota's en structuurvisies is op zich mooi, maar niet genoeg. Dwingende sturing in de vorm van een wettelijk verplicht juridische afwegingskader is ook nodig.

---

[3] F.H. Kistenkas, W. Nieuwenhuizen, *Recht versus beleid. Rechtsontwikkelingen landschapsbeleid*, WOt-paper 18, Wageningen 2012.

[4] N. Gunningham, P. Grabosky, *Smart regulation. Designing environmental policy*, Oxford University Press, Oxford 1998.

(Wereld)Erfgoederen

De AMvB Ruimte introduceert ook een *ja, mits*-rechtsregime voor landschappelijke erfgoederen van uitzonderlijke universele waarde. De AMvB noemt in een bijlage zelf de essentiële landschappelijke en cultuurhistorische kernmerken (ook hier, net als bij de Nationale Landschappen, *kernkwaliteiten* genoemd).

> Reeds in het kader van het tienjarige impulsprogramma Belvedere (op basis van de Nota Belvedere uit 1999) bestonden er cultuurhistorische Belvederegebieden, maar deze gebieden hadden geen juridische bescherming.[60]

Op zich is het winst dat nu ook landschappelijke erfgoederen beschermd worden door een rechtsregime in de vorm van een verplichte *ja, mits*-toetsing, maar het betreft ingevolge de AMvB Ruimte wel slechts (nog) vier gebieden: de Nieuwe Hollandse Waterlinie, de Romeinse Limes, Werelderfgoed De Beemster en Werelderfgoed De Stelling van Amsterdam.

Waddenzee

Op een andere plek in de AMvB Ruimte verkrijgt ook de Waddenzee landschappelijke en cultuurhistorische rechstbescherming: een iets hardere *nee, tenzij*-toets. De AMvB Ruimte noemt zelf de landschappelijke en cultuurhistorische kwaliteiten waaraan getoetst moet worden: het gaat dan om rust, weidsheid, open horizon en natuurlijkheid met inbegrip van de duisternis respectievelijk de verdronken en onderslibde nederzettingen en ontginningssporen, waaronder de dam Ameland-Holwerd, historische scheepswrakken, historische sluizen etc.

Naast dit relatief strenge *nee, tenzij*-rigime geldt zelfs nog een strenger en absoluut *nee*-regime voor windturbines, jachthavens, vliegvelden en inpolderingen. Er geldt dus een absoluut bouwverbod voor bijvoorbeeld windmolens. Art. 2.5.14 luidt: "Een bestemmingsplan dat betrekking heeft op de Waddenzee maakt geen plaatsing van nieuwe windturbines mogelijk".

[60] Zie verder over de oude Belvedere-situatie met alleen stimulerend beleid: F.H. Kistenkas, *Naar een juridisch dwingende erfgoedtoets?*, Vitruvius 2009-1, p. 44-45 en over de nieuwe situatie met een juridisch afdwingbare erfgoedtoets: F.H. Kistenkas, M.E.A. Kistenkas, *Nieuwe AMvB Ruimte: landschappelijk erfgoed eindelijk juridisch beschermd*, Vitruvius 2012-2, p. 22-25.

IJsselmeer en kustfundament

Ook het IJsselmeer en het Kustfundament krijgen ingevolge de AMvB Ruimte een *nee, tenzij*-regime met relatieve bouwverboden. Binnen het kustfundament is bijvoorbeeld geen nieuwe bebouwing mogelijk tenzij het bouwwerken zijn ten behoeve van tijdelijke of seizoensgebonden activiteiten (art. 2.3.5 lid 1 en lid 2). Ook wil de AMvB "het uitzicht op de vrije horizon vanaf de gemiddelde hoogwaterlijn met de blik op zee" beschermen (art. 2.3.2).

Ook voor het IJsselmeer gelden trouwens bouwverboden: geen nieuwe bebouwing of landaanwinningen, tenzij... Ook dit is in wezen dus een *nee, tenzij*-regime.

3.5 Natuurschoonwet

De Natuurschoonwet 1928 (Nsw) is eigenlijk een *belastingwet*. De Nsw is eigenlijk meer fiscaal recht dan omgevingsrecht. De wet voorziet in fiscale tegemoetkomingen aan landgoedeigenaren als zij hun landgoed in stand houden en daarmee natuurschoon bevorderen. Daardoor zou men het ook een natuurbehoudswet kunnen noemen en wel de oudste natuurbehoudswet van Nederland.

De fiscale faciliteiten zijn niet onaanzienlijk:
- vrijstelling dan wel gedeeltelijke vrijstelling van successierechten (bij vererving), schenkingsrechten en recht van overgang;
- vrijstelling van vennootschapsbelasting;
- vrijstelling van overdrachtsbelasting;
- vrijstelling van onroerende zaakbelasting (OZB);
- vrijstelling van inkomstenbelasting.

Om in aanmerking te komen voor deze fiscaalrechtelijke vrijstellingen dient het landgoed als zodanig bij een gedeconcentreerde rijksdienst van het ministerie van EL&I *gerangschikt* te worden door aan bepaalde voorwaarden te voldoen. Daartoe dient men het *Rangschikkingsbesluit*, een AMvB ter nadere invulling van de Nsw, te raadplegen. Alleen gerangschikte landgoederen zijn dus *Nsw-landgoederen* en komen voor de belastingvrijstellingen in aanmerking.

In grote lijnen zijn de voorwaarden:
- landgoed minimaal 5 ha groot
- aaneengesloten gebied, waarbij geen spoor, dijk, weg of waterloop het landgoed doorsnijdt die inbreuk maakt op het natuurschoon van het landgoed

- minimaal 30% van de totale oppervlakte bestaat uit houtopstanden en/ of natuurterreinen

In 2007 is de definitie van natuurterreinen verruimd. Vroeger beperkte de definitie zich tot een limitatieve opsomming van bepaalde terreintypen (heidevelden, hoogveen, zandverstuiving, duin, kwelders etc.). Thans is de definitie in belangrijke mate uitgebreid met diverse natuurlijke graslanden. Bovendien is ook nieuwe en nog te ontwikkelen natuur aan te merken als (cq. te rangschikken als) een (deel van een) Nsw-landgoed. Er wordt zo een link gelegd met de Provinciale Subsidieregelingen Natuurbeheer (PSN). Ook landbouwgronden die worden omgevormd of ingericht tot natuur kunnen zo worden gerangschikt.

> Daarnaast is de regel toegevoegd dat rangschikking van kleinere percelen van maximaal 1 ha mogelijk is als er op dat perceel een gebouw van vóór 1940 is gelegen dat uiterlijk zijn karakter heeft behouden.

De laatste tijd zien we veel nieuw ontwikkelde Nsw-landgoederen met een modern of nieuw retro-landhuis, al dan niet met een golfbaan. Provincies stellen ieder weer andere planologische eisen aan een nieuw landgoed (minimumoppervlakte en bebouwing "van allure").[61] Rangschikking volgens het fiscaal recht van de Nsw moet men uiteraard weer onderscheiden van de planologische inpasbaarheid volgens streekplan, structuurvisie of bestemmingsplan. Fiscaal-juridische sturing en RO-sturing zijn hier gescheiden sporen.

3.6 Boswet

De huidige Boswet uit 1961 is primair een wet met een economische doelstelling (op peil houden van bosareaal middels *meldingsplicht* van vellingen en een *herplantplicht*), maar heeft ten dele ook een natuurbeschermingsdoelstelling (*kapverbod*).

De Boswet geldt alleen buiten de bebouwde kom. Binnen de bebouwde kom gelden de gemeentelijke kapverordeningen. De gemeenteraad stelt evenwel zelf de grenzen van de bebouwde kom vast (art. 1 lid 5 Boswet) en zou zo dus effectief het regime van de Boswet buiten de deur kunnen houden (Box 10).[62]

---

[61] *Cf.* H. van Bolderen, C. Pfeiffer, *Nieuwe landgoederen: een verrijking voor het landschap?*, Landwerk 2007-6, p. 24-29.

[62] Zie F.H. Kistenkas, *Bos, bouw en gemeenten*, Vakblad Natuur Bos Landschap 2011-10, p. 21.

Box 10. Bos, bouw en gemeenten.

Gemeenten willen bouwen. Niet zozeer hun bewoners willen dat, maar kennelijk wel hun bestuurders. Mooie villa's maar ook hele woonwijken van meer dan duizend wooneenheden en het liefst natuurlijk op mooie goed verkoopbare plekjes zoals in bossen. Projectontwikkelaars willen ook bouwen. Hoe druk je dat nou door?
Dat is in Nederland niet zo moeilijk. Gemeente en projectontwikkelaar hebben hetzelfde doel voor ogen: bos kappen en huizen verkopen. Zij richten een bouwconsortium of een gezamenlijke BV op. Een besloten vennootschap. Die heet vaak wijkontwikkelingsmaatschappij oftewel WOM. Die WOM zet je in een mooi pand, dat noem je informatiecentrum en van daar uit deel je kleurrijke folders met *artist's impressions* en gefotoshopte plaatjes met lachende mensen voor hun nieuw te bouwen huis in het bos uit, je nodigt kopers en nog een beetje tegenstribbelende buurtbewoners op de koffie uit en je organiseert af en toe een vrolijke wijkdag, informatie-avond of buurtbarbecue over hoe mooi het toch allemaal wordt. Je moet immers ook nog de bestaande omwonenden foppen dat hun wijk met duizend nieuwe woningen in het bos er beter op wordt....
Nu moet de gemeente nog even voor zichzelf een nieuw bestemmingsplan maken en dat er doorheen jassen. Meestal wordt de hele procedure uitbesteed omdat de gemiddelde gemeenteambtenaar te weinig juridische kennis heeft. Zelfs de reacties op bezwaarschriften en zienswijzen worden door het externe bureau afgewerkt. Dat is allemaal peperduur, maar de gemeente kan altijd nog de WOZ-belasting verhogen. Leve de decentralisatie of moderner: leve de *downscaling*. Ja, maar die *downscaling* leidt domweg tot *outsourcing*. Outsourcing naar private ingenieursbureautjes, weg van de publieke democratische controle. Willen we dat eigenlijk wel, wil de democratisch gekozen gemeenteraad dat eigenlijk wel? Vast niet, maar er moet en zal nu gebouwd worden in het bos. De gemeente is immers al voor vijftig procent mede-aandeelhouder in de besloten vennootschap. Leve de publiek-private samenwerking. Hoezo lokaal draagvlak?
Bouwen in het bos van de ecologische hoofdstructuur, de EHS? Geen probleem als niemand bezwaar maakt, want het ruimtelijke ordeningsrecht is in wezen een piepsysteem. Als niemand piept is het bestemmingsplan erdoor en kan de bouwvergunning verleend worden. Bovendien wordt de EHS in principe slechts planologisch beschermd en heeft de EHS vaak (nog) geen hard juridisch beschermingsregime. Met de komst van de AMvB Ruimte zou dat in de toekomst anders kunnen komen te liggen (het bekende *nee, tenzij*-regime krijgt eindelijk juridische kracht), maar momenteel is het veelal slechts bescherming via het planologische spoor. Als burger kun je eigenlijk alleen nog maar hopen dat je in een actieve provincie woont die met een *reactieve aanwijzing* het ontwerp-bestemmingsplan blokkeert. Gebeurt dat niet dan kan de gemeente aan zichzelf de bouwvergunningen verlenen.

Dan heb je nog de Boswet, maar je kan als gemeente zelf bepalen waar de bebouwde kom begint en de Boswet dus ophoudt te gelden en de gemeentelijke kapverordening geldt. Die kapverordening kan dan weer een probleem zijn voor de bouwlustige gemeente, maar je kan je eigen gemeentelijke verordening aanpassen voor je eigen gemeentelijke bouwplan. Dat komt dus gewoon voor: misbruik van wetgevende bevoegdheid, want een verordening is gewoon gemeentelijke wetgeving. U moet voor uw verpieterende berk een kapvergunning aanvragen, maar de gemeente kan voor duizend prachtbomen op hun eigen bouwgebied een uitzondering maken.
De gemeente is dus vergunningverlener aan zichzelf, is wetgever in eigen zaak en maakt voor zichzelf een lucratief bestemmingsplannetje. In Frankrijk heet dat *detournement de pouvoir.* Zeg maar zoiets als machtsmisbruik, maar in Nederland heet dat gewoon decentralisatie.

De Boswet kent drie instrumenten:
1. melding van velling bij de minister van EL&I: feitelijk bij een rijksdienst van dat ministerie, die de bevoegdheid namens de minister uitvoert, zo'n rechtsfiguur heet mandaat[63] (art. 2 Boswet);
2. *herplantplicht* bij velling (art. 3 Boswet);
3. *kapverbod* van de minister (art. 13 Boswet).

Meldings- en herplantplicht geldt alleen met betrekking tot *velling*, dus niet voor dunning. De wettekst omschrijft *dunning* slechts als een *verzorgingsmaatregel* ter bevordering van de groei van de overblijvende houtopstand. Hoewel eindkap natuurlijk velling zal zijn, is aldus niet scherp gedefinieerd wat nog als dunning kan doorgaan en wat niet.

Voorts is door de minister ex art. 6 Boswet op voorhand al ontheffing van de meldings- en herplantplicht verleend aan Staatsbosbeheer en Rijkswaterstaat[64].

Omstreden is het *RO-gat* van de Boswet, ook wel de ruimtelijke ordeningslacune genoemd. Melding van velling en de herplantplicht gelden ingevolge art. 5 Boswet niet als sprake is van uitvoering van een bestem-

[63] Mandaatbesluit Agentschap LASER, Stcrt. 2002, 235. Mandaat is het op naam van een ander bestuursorgaan uitvoeren van een bevoegdheid, de verantwoordelijkheid blijft i.c. bij de minister van LNV.
[64] Beschikking ontheffingen aan Staatsbosbeheer, Stcrt. 2000, 40 en de Beschikking ontheffing Rijkswaterstaat Boswet, Stcrt. 1999, 143.

mingsplan. Ook kan dan geen kapverbod worden opgelegd (art. 13 lid 3 Boswet); er wordt daarom ook wel gesproken van een dubbel RO-gat.

Vanuit de wetgevingsleer geredeneerd is er veel kritiek te uiten op de Boswet. De werkingssfeer van de wet is immers beperkt tot gebieden buiten de bebouwde kom. Meldingsplicht, herplantplicht en kapverbod gelden alleen met betrekking tot velling en niet met betrekking tot dunning. Dunning mag onder de Boswet dus altijd, want er is geen kapverbod mogelijk. Het begrip dunning is in de wet evenwel slechts summier omschreven als "een verzorgingsmaatregel". Voorts treffen we een dubbel RO-gat aan. Rechtsvergelijking leert dat andere nationale boswetten vaak strenger zijn.[65] Daarnaast is er het verwijt dat de stricte herplantplicht natuurontwikkeling in de weg kan staan. Natuurontwikkeling zou juist als doel opgenomen moeten worden in de Boswet.[66]

Toch is de wet de afgelopen decennia succesvol gebleken: de Boswet heeft voor behoud (en zelfs uitbreiding) van het Nederlandse bosareaal gezorgd en deze *areaalbescherming* was het belangrijkste doel van de wet (Box 11).

Inmiddels is er ten departemente een wetgevingsoperatie in gang gezet om de Boswet te actualiseren en op te doen gaan in een nieuwe *Wet Natuur* waarin ook de Natuurbeschermingswet en de Flora- en Faunawet in op zullen gaan. In het nieuwe boswet-gedeelte mogen gemeenten niet meer zelf de grenzen trekken van de bebouwde kom waarbinnen niet de Boswet maar hun eigen kapverordening geldt. Ze moeten zich nu houden aan de Wegenverkeerswet; gewoon centralisatie dus. En ook het vermaledijde "ruimtelijke ordeningsgat" (RO-gat) van de Boswet verdwijnt.

Er is naast de nationale boswetgeving ook sprake van Europees communautair bosrecht (*EU forest law*). In Hoofdstuk 1 kwam reeds *Forest Focus* ter sprake: een EU-verordening met een juridisch afdwingbare verplichtingenreeks, met name op het gebied van bosmonitoring (Regulation 2152/2003).

Een ander EU-initiatief is Forest Law Enforcement Governance and Trade (FLEGT): een vrijwillig houtimport-vergunningensysteem via Voluntary Partnership Agreements (VPAs) tussen de EU en tropisch hout producerende landen (bijvoorbeeld Maleisië, Ghana, Kameroen, Indonesië). Het is een poging om de macht van rijke houtimporterende EU-landen te gebruiken

[65] L.C. Christy, Ch.E. di Leva, J.M. Lindsay, P.T. Takoukam, *Forest law and sustainable development*, World Bank, Washington 2007 en F.H. Kistenkas, *Boswet*, Vakblad Natuur Bos Landschap 2008-3, p. 15.

[66] J. Roording, *Evaluatie van de natuurwetgeving*, Vakblad Bos Natuur Landschap 2008-1, p. 22 en I. Brusse, *Bos nog steeds het beschermen waard*, Vakblad Bos Natuur Landschap 2008-1, p. 22.

Box 11. Boswet.

Een paar jaar geleden verscheen een interessant boek bij de Wereldbank over boswetgeving onder de fraaie titel: *Forest law and sustainable development* (L.C. Christy *et al.*, World Bank Washington 2007, ISBN 978-0-8213-7038-4). Naast voor bos relevante internationale verdragen zoals die van Bonn en Bern, richtlijnen als de Habitat- en Vogelrichtlijn en protocols als die van Kyoto besteedt deze studie ook aandacht aan nationale boswetten. Zeer veel landen hebben een plaatsje gekregen in de bloemlezing over nationale boswetgeving. De Nederlandse Boswet komt in het hele verhaal niet voor. Wel lezen we alles over bijvoorbeeld het strenge kapvergunningenstelsel in de Australische deelstaat Victoria en de Canadese deelstaat Ontario (*sustainable forest licensing*), worden we tot in detail bijgepraat over de boswetgeving van landen als Gabon en de Baltische staten en wordt trots gewezen op het opmerkelijke feit dat sommige landen bosbescherming zelfs een hogere grondwettelijke status hebben gegeven. Zo wordt bijvoorbeeld in de Turkse grondwet onder meer constitutioneel vastgelegd dat eigendom van staatsbossen niet overgedragen mag worden en dat illegale kap en brandstichting nimmer tot amnestie of een pardon mogen leiden. Als je in deze landen *forest law* studeert, dan doe je dus eigenlijk aan staatsrecht. Een kapvergunning schijn je daar uiterst moeilijk te kunnen krijgen. Huizen wijken daar kennelijk voor bomen (Figuur 5), in plaats van andersom. Wij in Nederland hebben onze oude Boswet. Een wet met een veelbesproken ruimtelijke ordeningslacune, het zogenoemde "RO-gat van de Boswet". Melding van velling en de herplantplicht gelden immers niet als sprake is van uitvoering van een

Figuur 5. Huis wijkt voor boom.

bestemmingsplan. Ook kan dan geen kapverbod worden opgelegd; er wordt daarom ook wel gesproken van een dubbel RO-gat.
De werkingssfeer van de wet is zoals bekend beperkt tot gebieden buiten de bebouwde kom. Meldingsplicht, herplantplicht en kapverbod gelden alleen met betrekking tot velling en niet met betrekking tot dunning. Het begrip dunning is in de wet evenwel slechts summier omschreven als "een verzorgingsmaatregel". Aan grote spelers als Staatsbosbeheer en Rijkswaterstaat heeft LNV overigens ontheffing van de meldings- en herplantplicht verleend.
Op een wetgevingsjurist maakt in zijn algemeenheid een wet met gaten en summiere definities geen al te sterke indruk.
In de Boswet 1961 treffen we een dubbel RO-gat en een summiere wettelijke definitie van dunning aan. Meldingsplicht, herplantplicht en het kapverbod zijn instrumenten die alleen van toepassing zijn op velling "anders dan bij wijze van dunning". De verleiding zal dus aanwezig kunnen zijn om iets zoveel mogelijk onder het etiket van "dunning" te proppen.
Niet uit te sluiten valt dat ook de auteurs van het Wereldbank-boek over bosrecht als wetgevingsjurist naar onze Boswet hebben gekeken en deze wet in hun bloemlezing vervolgens maar achterwege hebben gelaten...

om illegale houtkap elders in de wereld tegen te gaan. FLEGT is een recent EU-initiatief, daar waar het reeds bekende FSC-keurmerksysteem (Forest Stewardship Council) een NGO-initiatief is.[67]

3.7 Ecologische hoofdstructuur

Sinds 1990 wordt er gewerkt aan de realisatie van de EHS. Het zou in 2018 klaar moeten zijn en bestond aanvankelijk uit vier categorieën:
1. bestaande natuur;
2. nieuw te ontwikkelen natuur;
3. agrarische natuur;
4. robuuste verbindingszones (RVZ).

Een kwart van de EHS zal bestaan uit nieuwe natuur. Tussen 1990 en 2018 zal in totaal ongeveer 180.000 ha landbouwgrond worden aangekocht en worden ingericht als natuurgebied. Ongeveer 90.000 ha zal bestaan uit landbouwgrond die op een natuurvriendelijke manier wordt beheerd. Deze gronden

[67] Zie daarover en over ander internationaal bosbeleid: B. Arts, *Forests, institutions, discourses. A discursive-institutional analysis of global forest politics*, inaugural address, Wageningen 2006.

worden niet aangekocht en hier zal dan ook de bestemming landbouw (kunnen) worden gehandhaafd. Boeren krijgen een vergoeding voor een aangepast agrarisch gebruik (bijvoorbeeld slootkanten ontzien, uitgestelde maaidatum, hoger waterpeil).

> Er vindt dus financiële sturing plaats. Alle 12 provincies hebben een *Subsidieverordening Natuur- en Landschapsbeheer* (SNL) en baseren zich op de *Index Natuur en Landschap* en de daarbij behorende standaardkostprijzen voor natuur- en landschapsbeheer. Deze index is een typologie van de Nederlandse natuur in 17 natuurtypen (opgedeeld in 47 beheertypen), 3 landschapstypen (opgedeeld in 13 landschapselementen) en 4 recreatietypen. Zo is er een beschrijving van de standaardkostprijs voor droge heide (algemene beschrijving, afbakening en voorbeeldgebieden plus een normkostenblad per subdoeltype met bedragen in euro's). De SNL is de rechtsopvolger van het oude *Programma Beheer*.

De *robuuste verbindingszones* (RVZ) worden in de Nota Ruimte genoemd. De bedoeling is bijvoorbeeld om een RVZ te vormen tussen de Oostvaardersplassen via de Veluwe naar het Reichswald bij Kleef in Duitsland, maar ook tussen bijvoorbeeld de Veluwe en de Utrechtse Heuvelrug.

De EHS is, naast subsidiëring (financiele sturing), vooral ook een planologisch concept. De EHS had reeds onder de oude WRO in het Structuurschema Groene Ruimte (SGR) een PKB-status gekregen en zou volgens de planhiërarchieke werking van de WRO doorwerking moeten krijgen in de ruimtelijke plannen van provincie (streekplan) en gemeente (bestemmingsplan). Omdat veel gemeenten nog verouderde bestemmingsplannen voor het buitengebied hebben, ligt bij lange na niet de definitieve grens van de EHS (de zogenoemde *netto*-EHS) overal vast.

> Het betreft bij de EHS primair dus planologische en financiële sturing en geen juridische sturing. Wel geldt een bestemmingsplan als een algemeen verbindend voorschrift en een bestemmingsplan heeft daarmee een wettelijke status en een ieder verbindende werking. Wordt een gebied uiteindelijk dus in het bestemmingsplan verankerd als EHS-gebied met het daarbij behorende *nee, tenzij-afwegingskader* dan heeft dat weer wel juridische binding.
> De indruk bestaat dat nog maar heel weinig EHS-gebieden ook daadwerkelijk in een vigerend bestemmingsplan zijn geborgd en/of gearceerd als EHS-natuur, waarop expliciet het *nee, tenzij-regime* van toepassing is verklaard. Veel bestemmingsplannen zijn ook nog eens sterk verouderd.

In plaats van de aloude getrapte doorwerking via de trits PKB-streekplan-bestemmingsplan zou – althans in theorie – onder de nieuwe Wro de EHS in een RIP, bijvoorbeeld een rijksinpassingsplan voor de groene ruimte, kunnen worden begrensd en beschermd. In verband met het principe van decentralisatie zou dit echter een laatste redmiddel (*ultimum remedium* in juridisch jargon) zijn als bijvoorbeeld een getrapte AMvB of aanwijzing niet hebben gewerkt.

De EHS-waarden gebaseerd op de natuurdoelen voor het (deel)gebied zal men kunnen terugvinden in provinciale natuurgebiedsplannen. Met betrekking tot de EHS geldt het *nee, tenzij-regime*. Dit afwegingskader is ook in de Nota Ruimte verwoord en komt er op neer dat nieuwe plannen, projecten of handelingen niet toegestaan zijn, indien deze de *wezenlijke kenmerken of waarden* (in de wandeling al kortweg:de WKWs) van het gebied significant aantasten, tenzij er geen reële alternatieven zijn (alternatieventoets) én sprake is van redenen van groot openbaar belang. Voor ingrepen die aantoonbaar aan de criteria voldoen geldt het vereiste dat de schade zoveel mogelijk moet worden beperkt door mitigerende maatregelen. Resterende schade dient te worden gecompenseerd (natuurcompensatie inclusief financiële compensatie).

De hoofdelementen van het *nee, tenzij-regime* voor de EHS zijn dus een verbod van significante aantasting van de WKWs van het gebied, tenzij:

- er geen *alternatieven* zijn;
- er sprake is van *groot openbaar belang*; en
- *compensatie* (inclusief de mogelijkheid van financiële compensatie) plaatsvindt.

De AMvB Ruimte bevestigt intussen dit *nee, tenzij*-regime en vraagt om een PRV ter nadere uitwerking en juridisch bindende borging hiervan. In de eerste tranche van de AMvB Ruimte van december 2011 waren de EHS-bepalingen echter nog niet opgenomen.

4. Van landbouw naar landschap?

4.1 Gemeenschappelijk landbouwbeleid

De EU heeft vanouds regels voor de landbouw (*Common Agricultural Policy* oftewel Gemeenschappelijk landbouwbeleid, doorgaans afgekort tot GLB). Pas recentelijk zijn we erachter gekomen dat deze regels gevoeglijk kunnen botsen met eveneens Europese regels voor natuur en landschap.

> Ook op zee zien we trouwens zo'n botsing. Daar gaat het om het gemeenschappelijke visserijbeleid (GVB) en de Europese (en mondiale) natuurregelgeving. Daarover later meer wanneer in Hoofdstuk 6 ook het internationale zeerecht aan de orde komt. Steeds vaker wordt tegenwoordig het verband gelegd tussen GLB/GVB enerzijds en het natuur/landschapsbeleid anderzijds, vooral ook met het oog op duurzamer gebruik van ecosysteemdiensten (zie Paragraaf 4.6).[68]

Het Europese gemeenschappelijke landbouwbeleid (het GLB) is als een mammoettanker die gestaag doch langzaam van koers verandert. Wat ooit in de vroege jaren 60 begon als de Mansholt-doctrine met enkel productieverhoging, intensivering en het via importheffingen en exportsubsidies beschermen van de communautaire landbouwmarkt zit thans in een opmerkelijke transitie naar een bredere maatschappelijke rolvervulling waarbij zorg voor milieu en dierenwelzijn, natuur, voedselveiligheid en -zekerheid, landschap en een vitaal platteland steeds belangrijker worden. Tegelijk wordt daarbij ook ingezet op een verdere liberalisering van de thans altijd nog sterk verstoorde landbouwmarkt.

Vijf decennia geleden lag de nadruk van het Europese landbouwbeleid nog onomwonden op voedselproductie voor een na-oorlogs Europa dat herstellende was van voedseltekorten. In het interbellum en zeker in de Tweede Wereldoorlog waren er regelmatig voedseltekorten, was de armoede onder de agrarische stand groot en werd er nog inefficiënt geproduceerd. Voorts was de noodzakelijke omschakeling van een nog goeddeels agrarische samenleving naar een sterkere industriële en dienstensector gebaat bij vrijmaken van arbeidspotentieel en het goedkoop kunnen voeden van de bevolking in de wederopbouwperiode.

---

[68] PBL, *Natuurverkenning 2010-2040. Visies op de ontwikkeling van natuur en landschap*, Den Haag 2012, p. 130 e.v.

"Als de boeren het goed hebben, heeft iedereen het goed", was in 1960 het credo van de grondlegger van het Brusselse Gemeenschappelijke Landbouwbeleid (GLB, ook wel Common Agricultural Policy (CAP) genoemd). Deze auctor intellectualis van het GLB was de Nederlander Sicco Mansholt. Hij was de zoon van een Groningse herenboer en van 1958 tot 1972 eurocommissaris voor landbouw. Zelfs bijna 50 jaar later roept een recente minister van Landbouw tijdens haar toespraak op het symposium 100 jaar Mansholt in het Veenkoloniaal Museum in zijn geboortestreek rond Veendam Mansholt's GLB-credo nog in herinnering en maakt er de volgende variant van: "Als de boeren het goed doen, kunnen we allemaal leven van het land en geven om natuur". [69]
Het geeft in wezen precies weer wat er verandert is en nog verder zal gaan veranderen. Het gaat niet meer om alleen het kwantitatieve aspect (productiemaximalisatie en prijssteun voor de boer), maar ook en in toenemende mate om het kwalitatieve aspect van landbouw (milieu, duurzaamheid, voedselveiligheid, dierenwelzijn, landschap). De EU noemt dergelijke maatschappelijke randvoorwaarden ook wel kortweg non-trade concerns en bepleitte deze waarden ook op het mondiale niveau van de World Trade Organisation (WTO) bij de Doha-ronde. [70]

4.2 Mansholt-doctrine

De Mansholt-doctrine en daarmee het traditionele landbouwbeleid van productiemaximalisatie en marktverstoring is eigenlijk aan zijn eigen succes ten onder gegaan. Europa werd van een regio met voedseltekorten een regio zonder honger, maar vervolgens ook een regio met overschotten en export en zelfs dumping van voedsel. Melkplassen, boterbergen en overvolle vleeskoelcellen werden veroorzaakt door het systeem van garantieprijzen. Milieu, natuur en landschap werden de dupe van te grote mestgiften, pesticidengebruik en meedogenloze rationaliseringen en herverkavelingen van het landschap (afbraak coulisse- en houtwallenlandschap, verprikkeldradisering, verstalling). Nederland kon te dienaangaande gevoeglijk als koploper gezien worden en raakte bekend als het smerigste jongetje van de EU-klas. [71]

[69] Minister Verburg op 15 september 2008 tijdens haar toespraak op het Symposium *100 jaar Mansholt* terug te vinden op www.veenkoloniaalmuseum.nl/Mansholt.

[70] PBL, *Milieubalans 2008*, Bilthoven 2008, p. 125.

[71] J.A. Klijn, M.A. Slingerland, R. Rabbinge, *Onder de groene zoden: verdwijnt de landbouw uit Nederland en Europa? Feiten, cijfers, argumenten, verwachtingen en zoekrichtingen*, WOt-rapport 68, Wageningen 2008, p. 29. Zie ook reeds: European Environmental Agency (EEA), *Environment of the EU at the turn of the century*, EEA Copenhagen 1999, *passim*.

> De Groninger Mansholt was aan het eind van zijn leven trouwens niet te beroerd om dat ook ruiterlijk toe te geven: "Toen de landbouw in Europa van schaarste naar overproductie ging, hadden de subsidies aan boeren herzien moeten worden", zo haalt toenmalig minister Verburg in haar Veendamse toespraak Mansholt's laatste interview aan. Om er veelbetekenend aan toe te voegen: "Mijnheer Mansholt, we zijn ermee bezig!".
> De naamgever zelf was in zijn niet-ambtelijke nadagen dus terdege doordrongen van de ongewenste bijverschijnselen en drong al aan op koerswijziging. Een roep om koerswijziging die nu heel sterk ook door Nederland en andere vooral Noord-Europese lidstaten wordt opgepakt.

De geschiedenis leert dat degene die wil weten hoe het toekomstig Europees landbouwbeleid en de Europese landbouwmarkt er uit komt zien, vooral moet kijken naar wat frontrunner Nederland voor ideeën naar voren brengt. Als erkend agro-gidsland gaf Nederland telkens een blauwdruk voor een nieuw GLB; zo was het in de dagen van Mansholt en zo is het in wezen nog steeds.[72]

4.3 Hervormingen

Na de melkquotering van 1984 werden vooral vanaf de vroege jaren 90 van de vorige eeuw grote Brusselse hervormingen ingezet. Het Europese landbouwbeleid werd al onder de eurocommissaris McSharry bijgesteld. Doelstellingen waren: minder overschotten, kostenbeheersing, minder belasting van natuur, milieu en landschap, werken naar een vrijere wereldhandel, minder oneerlijke afwenteling op ontwikkelingslanden. De befaamde *CAP Reform 1992* van McSharry werd gevolgd door Agenda 2000 en de *Midterm Review 2003*. De rode draad is telkens een langzame transitie van *productie*steun naar meer *inkomens*steun (dus subsidie losgekoppeld van de productie), maar ook een groeiend aandeel van de bestedingen in de sfeer van het landelijk gebied en de rurale ontwikkeling. Steun aan boeren werd gekoppeld aan nevendoelen als milieu, voedselveiligheid, dierenwelzijn en -gezondheid (de zogenoemde *cross compliance*).

> Het GLB kreeg er in 2003 een *tweede pijler* bij in de vorm van plattelandsontwikkeling. De eerste pijler bleef landbouwgericht (marktordening) en bleef het grootste gedeelte van het EU-landbouwgeld opslokken. De tweede pijler

[72] P. Lains, V. Pinilla, *Agriculture and economic development in Europe since 1870*, Routledge, London 2009, p. 112 e.v.; F.H. Kistenkas, C.M.L. Hermans, A.M. van Doorn, *Het Europees landbouwbeleid*, Openbaar Bestuur 2009-5, p. 6-10.

van plattelandsontwikkeling en gericht op milieu, ecologie en andere niet-landbouwdoelen neemt vooralsnog slechts een beperkt deel van de landbouwuitgaven in beslag. Vanaf 2007 wordt evenwel 5% en van 2008 tot en met 2013 elk jaar 2% van de inkomenstoeslagen overgeheveld naar de tweede pijler (de zogenoemde verplichte modulatie).
Vanaf 1 januari 2007 hebben beide pijlers ook hun eigen fondsen: het ELGF (Europees Landbouw Garantiefonds) voor de uitgaven van het marktbeleid en de rechtstreekse betalingen (eerste pijler) en het ELFPO (Europees Landbouwfonds voor Plattelandsontwikkeling) voor maatregelen inzake ontwikkeling van het landelijk gebied. De bedoeling is dus dat ELFPO gaat groeien ten koste van ELGF (dit is de eerder genoemde *modulatie*). Het aandeel van de totale landbouwuitgaven op de EU-begroting was overigens altijd gigantisch (in de jaren zeventig nog bijkans 70%), maar loopt gestaag terug naar ongeveer 38% van het totaal.

In 2008 is het huidige GLB geëvalueerd. Deze evaluatie is bekend geworden onder de naam Health Check: een tussentijdse evaluatie van de hervormingen in de landbouwsector op weg naar het nieuwe financiële meerjarenkader voor alle EU-uitgaven van 2013. In november 2008 is een akkoord bereikt. Er komt meer marktwerking in het landbouwbeleid, waardoor Europese boeren de concurrentie met de wereldmarkt beter aankunnen (liberalisering). Het melkquotum wordt verruimd (de productielimiet voor melk wordt vanaf 2009 elk jaar met 1% verhoogd en voor Nederland zelfs extra verhoogd) en er komt nog meer aandacht voor plattelandsbeleid waaronder milieu, dierenwelzijn, landschap en natuur. De Europese landbouwministers oordeelden dat de komende jaren de inkomenssteun meer en meer afhankelijk moet worden van de mate waarin boeren maatschappelijke (en bezwaarlijk vermarktbare) waarden als milieu, landschap, natuur en voedselkwaliteit bevorderen. Zo'n zogenaamde vermaatschappelijking veroorzaakt grote regionale verschuivingen van GLB-subsidies. In Nederland waren al voorbeeldberekeningen gemaakt hoe de ruimtelijke neerslag van GLB-betalingen dusdanig kan worden veranderd dat vooral geld gaat naar waardevolle landschappelijke gebieden (in Nederland zijn dat met name de Nationale Landschappen uit de Nota Ruimte). Zo gaat bij een met 50% herverdeelde *flat rate*-variant (een betaling per hectare ongeacht productie) al beduidend meer geld naar het Nationale Landschap van bijvoorbeeld het Groene Hart en veel minder naar een gebied als de Veenkoloniën.[73]

---

[73] T. Hermans, H. Naeff, I. Terluin, *Ruimtelijke neerslag van GLB-betalingen in Nederland*, Alterra rapport, Wageningen 2006, p. 45. Zie ook: www.rlg.nl/cap/index.html.

Die toenemende aandacht voor niet-landbouwdoelen draagt de EU ook steeds pregnanter uit op het mondiale forum van de WTO. Ze worden kortweg aangeduid als non-trade concerns omdat ze niet zozeer zien op het kwantitatieve (productie en handel) als wel op het kwalitatieve aspect van de landbouw (ook niet-vermarktbare publieke diensten). Alhoewel afspraken rondom non-trade concerns in de WTO Doha-ronde voorshands nog weinig kans maken, lijken dergelijke maatschappelijke doelen wel binnen Europa steeds meer medestanders te krijgen.[74]

4.4 Beleidstrends

Zowel de Europese Commissie als een aantal noordelijke lidstaten, waaronder ook prominent Nederland, streeft naar gebruik van inkomenssubsidies voor de realisatie van maatschappelijke doelen zoals natuur- en landschapsontwikkeling. Gesproken wordt kortweg van vermaatschappelijking van het GLB of ook wel: "the gradually changing character of the rural area from a productive to a consumptive area or a change from an agri-ruralist discourse (focus on primary production) to a hedonist discourse (rural area as garden of citizens)". [75] De algemene tendens is in wezen duidelijk: van productie naar consumpte en van landbouw naar landschap en inderdaad zelfs naar landschapstuin.

> Het Nederlandse kabinet noemt naast natuur en landschap ook nog voedselveiligheid en -zekerheid, een vitaal platteland en de zorg voor milieu en dierenwelzijn als maatschappelijke en subsidiabele doelen. Zo kan meer subsidiegeld worden ingezet in onze eigen Nationale Landschappen, bijvoorbeeld voor de bescherming van de internationaal unieke veenweidegebieden, of voor het weidevogellandschap. [76]

Deze trend van vermaatschappelijking is ons inziens dus ook een trend van ver*landschap*pelijking van het GLB. In feite zien we immers een langzame accentverschuiving van landbouw naar landschap. Van de Europese

[74] PBL, *Milieubalans 2008*, Bilthoven 2008, p. 125.

[75] B.H.M. Elands, K.F. Wiersum, *Forestry and rural development in Europe: an exploration of socio-political discourses*, Forest Policy and Economics 2001-3, p. 5-16 en P. van Gossum, L. Ledene, B. Arts, R. de Vreese, G. van Langenhove, K. Verheyen, *New environmental policy instruments to realize forest expansion in Flanders (northern Belgium): a base for smart regulation?*, Land Use Policy 2009, p. 935-946.

[76] H. van den Heiligenberg, J.D. van Dam, A.G. Prins, M.A. Reudink, H. van Zeijts, *Opties voor Europese landbouwsubsidies*, MNP Bilthoven 2007, *passim* en F.H. Kistenkas, T.C.P. Melman, *Ruimtelijke bescherming weidevogellandschap*, LNV Directie Kennis, Ede 2008, *passim*.

landbouw wordt verwacht dat men tevens ook maatschappelijke waarden levert die niet of onvoldoende via de markt beloond worden.

De jongste kabinetsvisie op het toekomstige Europese landbouwbeleid spreekt in dit verband ook van groen-blauwe diensten. Betaling uit collectieve middelen is ook gerechtvaardigd waar het gaat om het leveren van collectieve goederen zoals natuur- en cultuurhistorische kwaliteiten van landschappen (groene diensten) en het bieden van mogelijkheden voor waterberging (blauwe diensten). Voorts noemt de kabinetsvisie nog agrarisch natuurbeheer (zoals weidevogelbescherming of akkerrandenbeheer), dierenwelzijn en stimulering van de (recreatieve) toegankelijkheid van het landelijk gebied. [77]

4.5 Economische trends

In een recente kabinetsvisie op het Europese landbouwbeleid [78] wordt landbouw een atypische economische sector genoemd vanwege de externe effecten van de productie. De landbouw levert bij de voedselproductie allerlei maatschappelijk gewaardeerde prestaties, waarvoor via de markt voor landbouwproducten geen beloningen plaatsvinden maar die wel economische waarde vertegenwoordigen (publieke goederen en diensten). Van sommige van die prestaties of *merit goods* is al op EU-niveau afgesproken dat zij van bovennationale of grensoverschrijdende betekenis zijn, bijvoorbeeld op het gebied van natuur (Natura 2000), milieu en waterbeheer.

De kabinetsvisie voorziet een transitie van steun (eertijds productiesteun, thans inkomenssteun) aan landbouwers naar het stimuleren van concurrentiekracht alsmede naar een beloning van maatschappelijke prestaties die de ontvangers leveren ten dienste van de samenleving. Het markt- en prijsbeleid wordt verder afgebouwd als gevolg van de verdergaande liberalisering, grotere marktgerichtheid en de uitfasering van handelsverstorende maatregelen.

> Nederland kent in een viertal sectoren nog (gedeeltelijk) gekoppelde inkomenssteun. Het betreft dan de slachtpremie (runderen en kalveren), lijnzaad (vlas), gedroogde groenvoeders en aardappelzetmeel. Nederland wil de steun aan deze sectoren uiterlijk 2013 volledig hebben ontkoppeld en de

---

[77] *Houtskoolschets Europees Landbouwbeleid 2020*, bijlage bij brief van de minister van LNV d.d. 12 september 2008 (GLB.2008/1780) aan de Tweede Kamer, p. 13.

[78] *Ibidem*, p. 6.

> markt- en prijsondersteuning afgebouwd hebben. Nederland en andere frontrunners binnen de EU zetten immers in op een concurrerende Europese landbouw die op langere termijn gewoon zonder inkomenssteun kan produceren. Liberalisering van de landbouwmarkten betekent dat de melkveehouderij en de glastuinbouw zullen groeien en met name de akkerbouw zal krimpen. Dit kan betekenen dat stoppende bedrijven en verliezende sectoren de overheid om steun zullen vragen tijdens de transitiefase, bijvoorbeeld voor omscholing en/of alternatieve bestemming van bedrijfsgebouwen.[79]

Naar onze mening zien we aldus een tweesporenbeleid opdoemen van zowel liberalisering van de landbouwmarkt als vermaatschappelijking. Bij verdere liberalisering zal het Nederlandse en Europese beleid een balans moeten zoeken tussen het stellen van milieu- en dierenwelzijnseisen (non-trade concerns) aan de productiewijze in Europa en de mondiale concurrentiepositie van de EU-landbouw. [80]

Sommigen vinden liberalisering, afschaffen van subsidies en terugtredende Haagse en Brusselse overheidslagen een teken van beleidsarmoede[81], anderen zien juist allemaal voordelen. Economische voordelen zouden vooral toevallen aan de meest ontwikkelde landen, waaronder Nederland. Consumentenprijzen zullen er flink dalen en sterke sectoren als melkveehouderij en glastuinbouw zullen concurrerend kunnen blijven.[82] Omdat de prijs- en inkomenselasticiteit van landbouwproducten niet erg hoog zijn, zijn er geen grote veranderingen in de omvang van de consumptie te verwachten. De winst zal vooral te behalen zijn door een herschikking van de productie. Ontwikkelingslanden zullen een groter deel van de agrarische productie voor hun rekening nemen, maar de landbouw zal zeker niet uit de ontwikkelde landen verdwijnen.[83]

De kabinetsvisie voorziet een afbouw van het handelsverstorende markt- en prijsbeleid. Publieke marktinterventie wordt omgevormd tot een "beperkt

---

[79] Zie ook: H. van Zeijts, M.M. van Eerdt, J.W.H. van der Kolk, *Duurzame ontwikkeling van de landbouw in cijfers en ambities*, Milieu- en Natuurplanbureau Bilthoven 2007, p. 59.
[80] *Ibidem.*
[81] D. Strijker, *Prijs- en inkomensbeleid is nog steeds noodzakelijk*, in: H.J. Silvis (red.), Landbouwbeleid: waarom eigenlijk?, LEI, Den Haag 2004, p. 28.
[82] J. de Kort, *Landbouwbeleid in ontwikkeling*, in: Jaarboek Overheidsfinanciën 2008, Den Haag 2008, p. 189-199.
[83] *Ibidem.* Zie ook J.A. Klijn, M.A. Slingerland, R. Rabbinge, *Onder de groene zoden: verdwijnt de landbouw uit Nederland en Europa? Feiten, cijfers, argumenten, verwachtingen en zoekrichtingen*, WOt-rapport 68, Wageningen 2008.

vangnet bij ernstige marktverstoringen van klimatologische of veterinaire en fytosanitaire aard".[84]

Landbouwmarkten behoren nu nog tot de meest verstoorde markten ter wereld. Vooral in de eerste pijler zitten immers nog allerlei marktdistorsies. De druk om ook deze markten net als de markten voor industriële goederen en diensten te liberaliseren neemt duidelijk toe. Met het leveren van groenblauwe diensten (vermaatschappelijking en verlandschappelijking van de landbouw) verandert de primaire sector zoals we zagen ook al steeds meer in een (ook) dienstverlenende tertiaire sector. Een onderscheid tussen de eerste pijler (marktordening) en tweede pijler (plattelandsontwikkeling) zal in de toekomst niet meer relevant zijn. In de kabinetsvisie wordt al openlijk gepleit voor één landbouw- en plattelandsfonds.[85]

4.6 Ecosysteemdiensten

Landbouwproductie kan men zien als een dienst uit ecosystemen, maar ecosystemen leveren veel meer diensten. Landbouw is eigenlijk slechts één van de vele ecosysteemdiensten. Ecosysteemdiensten (ESDs) worden wel gezien als een nieuw anker voor het omgevingsbeleid van de toekomst. [86] We onderscheiden dan productiediensten (*profit*: voedselproductie, hout, zoet water, windenergie etc.), immateriële of culturele diensten (*people*: recreatie, inspiratie, bodemarchief etc.) en *planet*-diensten (regulerende en ondersteunenede diensten zoals biodiversiteit, plaagbestrijding, bestuiving, waterregulatie, nutriëntenkringloop, koolstofvastlegging, reinigend vermogen etc.).

> Ecosysteemdiensten krijgen in het wetenschappelijk en beleidsondersteunend onderzoek van de laatste jaren steeds meer aandacht. Ook wordt recentelijk wel de term *landschapsdiensten* gebruikt. Voedselproductie is bijvoorbeeld een landschapsdienst. De term landschapsdienst drukt niet alleen uit dat de mens profijt heeft van de natuur, maar legt de nadruk meer op de leefwereld van mensen en op multifunctionele ontwikkeling. [87]

---

[84] *Houtskoolschets Europees Landbouwbeleid 2020*, bijlage bij brief van de minister van LNV d.d. 12 september 2008 (GLB.2008/1780) aan de Tweede Kamer, p. 11-12.
[85] *Ibidem.*
[86] Th.C.P. Melman, C.M. van der Heide, L.C. Braat, H.A. Udo de Haas, *Ecosysteemdiensten: nieuw anker voor omgevingsbeleid?*, Landschap 2010-4, p. 209-219. Zie voorts over ESDs in de toekomst van het natuur- en landschapsbeleid: PBL, *Natuurverkenning 2010-2040. Visies op de ontwikkeling van natuur en landschap*, Den Haag 2012, p. 50 e.v.
[87] P. Opdam, *Het landschap opnieuw uitvinden*, Vakblad Natuur Bos Landschap 2011-9, p. 39.

In de Natura 2000-gebieden (habitattoets) en de ecologische hoofdstructuur (EHS-toets) zal een balans tussen deze ecosysteemdiensten juridisch gezien erg lastig worden: een toetsing aan aansluitend ecologische criteria maakt immers een weging van andere belangen zoals die gelegen in productiediensten of culturele diensten schier onmogelijk.

Als de financiële sturing van het GLB verandert en zowel verlandschappelijkt als vermaatschappelijkt, dan zou ook de huidige juridische sturing in het natuur- en landschapsbeleid (voornamelijk toetsing aan enkelvoudige ecologische criteria) ter discussie kunnen komen te staan.

Het nieuwe GLB zou een extra simulans kunnen zijn om meer weging als rechtsvindingsmethode toe te staan. Ook zou het de acceptatie en (juridische) introductie van ecosysteemdiensten (ESD) kunnen bevorderen. Het gaat in wezen immers om een duurzame ESD-balans (Box 12).

Box 12. Rode Wouw als ESD-icoon.

De Rode Wouw is door de West-Europese geschiedenis heen afwisselend gezien als een gratis vuilnis- en kadaveropruimer en dus als een zeer welkome en beschermenswaardige vogel, maar ook als een brutale aaseter die bovendien ook landbouwgewassen en zelfs je wasgoed van de waslijn roofde. Shakespeare beschreef Londen ooit als de stad van kraaien en rode wouwen. De kraaien zitten er natuurlijk nog steeds, maar de Rode Wouw waarschijnlijk nog maar weinig, maar nog altijd weet iedere Engelsman wat je bedoelt als je het hebt over *the city of Red Kites and Crows*.
In het Engeland van Shakespeare zou de Rode Wouw vanwege zijn vuilnisophaaldiensten nog lang streng beschermd blijven terwijl even verderop in Schotland ze letterlijk vogelvrij werden verklaard. Dat lijkt me trouwens in retrospectief een historische blunder want het oude Edinburgh was altijd een notoire vieze dichtbebouwde stad met als (in onze dagen nog voortlevende) bijnaam *Aulde Reekie* (zoiets als: ouwe gore stankstad) omdat er wel vele woonlagen maar geen vuilnisophalers waren. Alle vleesresten, kadavers en andere troep werd op straat of even buiten Royal Mile gegooid. De Rode Wouw was in de late middeleeuwen en vroege renaissance dus een soort ecosysteemdienst *avant la lettre*. Weliswaar naar plaats en tijd een omstreden ecosysteemdienst, maar toch al een eerste voorbeeld dat de natuur gratis diensten verleend aan ons als samenleving. De Rode Wouw zou je dus gevoeglijk kunnen zien als het pandabeertje of icoon voor de ecosysteemdiensten.

Ecosysteemdiensten worden door sommigen wel gezien als het nieuwe ankerpunt voor het nieuwe omgevingsbeleid en het toekomstige omgevingsrecht. De natuur levert ons regulerende diensten (zoals plaagbestrijding, bestuiving, waterkering, koolstofvastlegging, waterregulatie), culturele diensten (zoals recreatie, bodemarchief, cultuurhistorie, gezondheid) en productiediensten (voedsel, hout, windenergie en andere duurzame energie, zoet water etc.). Je zou ook nog ondersteunende diensten kunnen onderscheiden zoals de nutriëntenkringloop, bodemvorming en biodiversiteit.

Productiediensten zullen vooral met natuurgebruik te maken hebben, terwijl culturele diensten meer om beleving gaan. Regulerende diensten gaan over regulering van processen in ecosystemen. Het gaat dus om respectievelijk gebruiken, beleven en beschermen ofwel *profit, people* en *planet*; de befaamde drie P's van duurzame ontwikkeling.

Bij duurzame gebiedsontwikkeling zouden deze ecosysteeemdiensten dus meegewogen en met elkaar in balans moeten worden gebracht. Kunnen momenteel ecosysteemdiensten meegewogen of afgewogen worden? Nee, het huidige omgevingsrecht kent ze domweg niet en juristen blokkeren dus in feite deze vernieuwing alsmede een mogelijk antwoord op de vraag uit het Regeerakkoord van het huidige kabinet Rutte. In het Regeerakkoord wil dit kabinet "een integrale afweging" bij de ruimtelijke ordening en het omgevingsbeleid, maar waarschijnlijk heeft men niet in de gaten dat het huidige recht juist uitgaat van een sectorale toetsing en een integrale afweging juist uitsluit. Denk maar eens aan de habitattoets, de soortentoets, de bostoets of de luchtkwaliteitstoets of de watertoets. Er is dus een rechtsblokkade en zolang die er is verandert er niks.

Is dat erg? Ja, soms is dat zelfs heel erg. Vooral als een voor alle drie P's gunstige functiecombinatie wordt tegengehouden. Denk bijvoorbeeld aan de ecologische en juridisch-planologische refugium-werking van een windturbinepark op zee of op een houtakker (duurzame energie middels forest windfarming) of het juridisch niet mee kunnen laten wegen van recreatie-aspecten, voedselproductie of cultuurhistorie van een natuurgebied.I

Is deze blokkade gemakkelijk op te heffen? Nou nee, de meeste toetsen zijn immers ook nog eens van Brusselse origine en de Europese Commissie heeft bij monde van Barroso nog niet zo heel lang geleden aan Balkenende geantwoord dat Brussel de EU-richtlijnen gewoon nog even met rust wil laten. Maar bovendien: er is bijna nog geen jurist in dit land te vinden die al vertrouwd is met het idee van de ecosystemdienst, laat staan van de onhebbelijkheden maar vooral ook de zegeningen van zijn icoon de Rode Wouw...

Tot nog toe gaat het bij toetsing steeds over bescherming van de huidige natuur en niet om ook het gebruik en de beleving daarvan. De habitattoets uit het huidige natuurbeschermingsrecht beperkt zich dus tot bescherming en natuurbehoud (*planet*) en geeft strict juridisch gezien geen ruimte voor het meewegen van duurzaam natuurgebruik (producten uit ecosystemen als voedsel, hout, visserij, duurzame energieproductie als windenergie, biomassa, getijdenenergie) en duurzame natuurbeleving (immateriële diensten uit ecosystemen als recreatie, gezondheid, bodemarchief). Duurzame functiecombinaties van recreatie, biodiversiteit en voedselproductie zijn dan juridisch bezwaarlijk te verwezenlijken omdat alleen maar getoetst kan worden aan ecologische desiderata (limitatieve instandhoudingsdoelstellingen bij Natura 2000 en wezenlijke kenmerken en waarden (WKW) bij de EHS).

Een moderne driedimensionale duurzaamheidsweging (people, planet, profit) zou het dan moeten overnemen van de traditionele, ééndimensionale habitattoets of EHS-toets (Figuur 6).

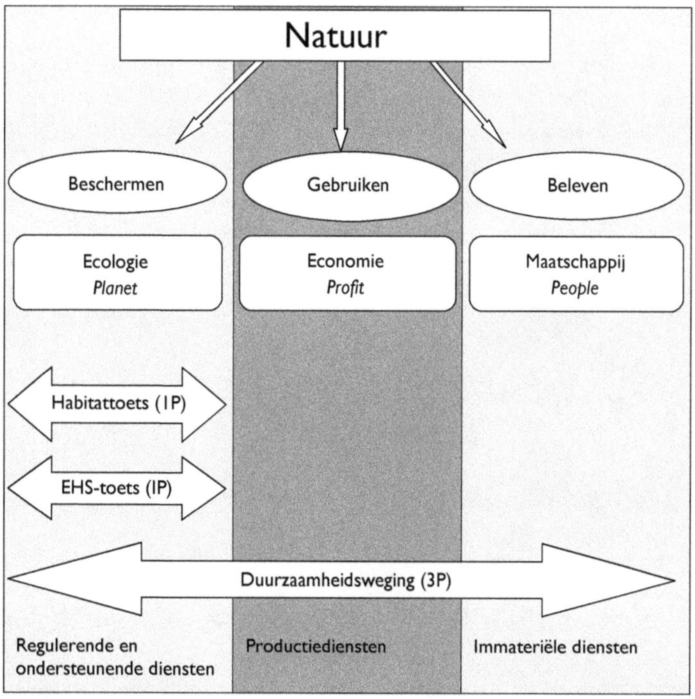

Figuur 6. Duurzaamheidsweging tegenover habitattoets of EHS-toets.

4.7 Verlandschappelijking (new crops)

Het is een lange weg van de Mansholt-doctrine naar de huidige non-trade concerns en trend van verdergaande vermaatschappelijking. In wezen zou als hoofdtrend een totale omwaardering van kwantiteitslandbouw naar kwaliteitslandbouw kunnen gelden.[88] Er ontstaat zo eindelijk een link tussen landbouwbeleid, natuurbeleid en een duurzamer gebruik van ecosysteemdiensten.

Dat is een echte *Umwertung*, alhoewel de Duitsers zelf in dit verband een nog mooiere term hebben klaarliggen en van *Umnutzung* van de landbouw spreken. In de beginfase van het GLB lag het accent immers op ondersteuning van de productie. Vervolgens is het doel langzaam verschoven naar inkomenssteun en staan we thans voor de transitie naar het versterken van de marktgerichtheid van de Europese landbouw in combinatie met verdere verduurzaming van de productie die meer en meer gekoppeld wordt aan maatschappelijke waarden (zgn. *new crops*). Daaronder vallen ook *new crops* als landschap en natuur.

Tegelijk dus zowel liberalisering alsook vermaatschappelijking: is dat niet van twee verschillende walletjes willen eten? Ja dat klopt, maar daar is de EU altijd al sterk in geweest. In het bekende subsidiariteitsbeginsel van art. 5 van het EU-Verdrag zitten zelfs twee contraire doelen in één en hetzelfde beginsel (daarmee is het dus een dubbelprincipe): zowel hiërarchie (onder Brussel) als autonomie (voor de lidstaat) en zelfs dat bleek uiteindelijk ook met elkaar verenigbaar.[89]

---

[88] D.W.J.M. Pessers, F.H. Kistenkas, *Van landbouw naar landschap*, Landschap 2010-1, p. 35-39. Over de link tussen GLB/GVB, natuur- en landschapsbeleid en ESDs ook: PBL, *Natuurverkenning 2010-2040. Visies op de ontwikkeling van natuur en landschap*, Den Haag 2012, p. 130 e.v.

[89] F.H. Kistenkas, *Subsidiariteit: een modelmatige ontmaskering*, Openbaar Bestuur 2000-3, p. 2-3.

5. Europees natuurbeschermingsrecht

5.1 Habitat- en Vogelrichtlijn

De Habitat- en Vogelrichtlijn (HVR) is uitgegroeid tot het belangrijkste onderdeel van zowel het Europese als het nationale natuurbeschermingsrecht. Het omvat *gebieds*bescherming (het befaamde *Natura 2000*-gebiedsnetwerk) en *soorten*bescherming, ook buiten deze gebieden. In Nederland heeft men de gebiedsbescherming in de Natuurbeschermingswet (Nbw) geïmplementeerd en de soortenbescherming in de Flora- en faunawet (Ffw). In de Nbw staat een verplichte, harde juridische habitattoets voor Natura 2000-gebieden (art. 19d e.v. Nbw) en in de Ffw staat een harde juridische soortentoets (art. 75 Ffw) respectievelijk leidend tot het al dan niet weigeren van een *Nbw-vergunning* (door gedeputeerde staten) of *Ffw-ontheffing* (door de minister).

Er is hier overduidelijk sprake van juridische sturing. De HVR heeft recentelijk voor zeer veel juridische geschillen en jurisprudentie gezorgd. Hier komt de term *juridisering* van het groene milieurecht vandaan. Sommigen oordelen dat Nederland het braafste jongetje van de EU-klas zou zijn en dat het land dientengevolge "op slot" zou dreigen te gaan, anderen betwisten dat.[90]

> Uit jurisprudentie-onderzoek over de jaren 2005 tot en met 2007 blijkt dat 63% van de bij de Raad van State betwiste projecten toch van de rechter door mag gaan. Het procentuele aantal projecten dat doorgang kan vinden, geeft over die drie jaren bovendien een stijgende lijn te zien. Kennelijk zijn projectontwikkelaars, initiatiefnemers en vergunningverlenende instanties steeds meer vertrouwd geraakt met de wettelijke eisen.[91]

Op 1 oktober 2005 trad de gewijzigde Nbw 1998 in werking, die ten langen leste de belangrijke Europeesrechtelijke *habitattoets* voor de *speciale beschermingszones* (SBZs) van Natura 2000 in het nationale recht implementeerde.

---

[90] G. van der Wal, F.Y. van Schaik, *De Nederlandse toepassing van de Habitatrichtlijn: een te grote rem op bedrijvigheid*, Bouwrecht 2007-8, p. 652-663 resp. H.E. Woldendorp, *De toepassing van de Europese natuurbeschermingswetgeving: Nederland het braafste jongetje van de klas?*, Bouwrecht 2008-1, p. 8-15.

[91] F.H. Kistenkas, W. Kuindersma, *Jurisprudentiemonitor natuur 2005-2007. Rechtsontwikkelingen Natura 2000 en Ecologische Hoofdstructuur*, WOt-werkdocument 82, Wageningen 2008, p. 31.

Met de inwerkingtreding van de gewijzigde Natuurbeschermingswet (Nbw) in 2005 kan men in wezen 4 soorten van beschermde gebieden en dito rechtstypen van gebiedsbescherming onderscheiden:
1. de Vogel- en Habitatrichtlijngebieden/Natura 2000;
2. beschermde Natuurmonumenten;
3. beschermde landschapsgezichten;
4. overige internationaal beschermde gebieden.

We lichten deze vormen van gebiedsbescherming even kort toe.

De HVR-gebieden/Natura 2000 (art. 10a Nbw)

Ook wel de Natura 2000-gebieden genoemd en beschermd door de vergunningplicht van art. 19d Nbw e.v. Nederland heeft 162 gebieden geselecteerd die voortvloeien uit de Habitatrichtlijn en/of Vogelrichtlijn. Dit zijn de zogenoemde *speciale beschermingszones* (SBZs).

Bij een kans op significant negatieve (al dan niet cumulatieve) effecten op de instandhoudingsdoelstellingen van een bepaald SBZ door een geplande activiteit, kunnen Gedeputeerde Staten (althans in beginsel GS: zie art. 19d lid 3 jo. de AMvB *Besluit vergunningen Nbw 1998* van 16 augustus 2005) een *vergunning* verlenen via de beoordeling van art. 19f e.v. Nbw (de habitattoets). Is er wel een mogelijk negatief effect, maar met zekerheid geen significant negatief effect, dan vindt door (in beginsel) GS toetsing plaats via de lichtere verslechterings- en verstoringstoets (art. 19d Nbw). Wordt evenwel gehandeld conform een (verplicht op te stellen) *beheersplan* (ingevolge art. 19a jo. 19b Nbw, eveneens in beginsel door GS vastgesteld), dan behoeft geen vergunning te worden aangevraagd. Handelen overeenkomstig een beheersplan is dus vergunningvrij (zgn. exoneratie ex art. 19d lid 2 Nbw).

Natura 2000-gebieden (SBZs) vinden we overigens niet alleen op land maar ook op zee: er is dus zowel een terrestrische Natura 2000 als een aquatische. Zo zijn er zowel reeds aangewezen Noordzee-gebieden (Voordelta en Noordzeekustzone) alsook nog aan te wijzen Noordzee-gebieden (Vlakte van Raan, Klaverbank, Friese Front, Doggersbank en de uitbreiding van de Noordzeekustzone).

Natuurmonumenten (art. 10 Nbw)

Voor als beschermde natuurmonumenten aangewezen gebieden geldt een vergunningplicht voor schadelijke handelingen (art. 16 lid 1 t/m 4 Nbw), tenzij deze handelingen worden verricht overeenkomstig een (facultatief) beheersplan (art. 16 lid 5 jo. art. 17 Nbw). De vergunning wordt in principe aangevraagd bij GS (art. 16 lid 1, zie echter ook art. 16 lid 6 Nbw). Er vindt dan geen toetsing plaats aan enkel ecologische criteria zoals bij de habitattoets, doch juist een gelijkwaardige afweging van alle belangen: ook sociaaleconomische belangen. Dit zou wellicht kunnen worden gezien als een lichter regime, maar wel één waar ook plaats is voor duurzame gebiedsontwikkeling via de trits van planet, profit, people.[92]

Samenloop met Natura 2000 is ex art. 15a lid 2 Nbw niet mogelijk. De aanwijzing als natuurmonument vervalt voorzover dat natuurmonment deel uitmaakt van een Natura 2000-gebied (SBZ).

> Wel geldt dan een zogenoemde verbrede doelstelling: de SBZ-instandhoudingsdoelstellingen worden dan uitgebreid met de reeds bestaande en vaak bredere doelstellingen (de zgn. "oude doelen") van het natuurmonument, zoals bepaald in het oude aanwijzingsbesluit als natuurmonument (art. 15a lid 3 Nbw). Naast de Europese habitattypen en soorten uit de richtlijnbijlagen speelt dan bijvoorbeeld ook "de openheid van het landschap" of "het natuurschoon" een rol.
> De Crisis- en Herstelwet van 2010 gooide deze "oude doelen" echter weer uit de habitattoets. Voor deze "oude doelen" kwam toen weer het lichtere regime voor beschermde natuurmonumenten te gelden (art. 19ia in samenhang met art. 16 Nbw). Dat betekent een gelijkwaardige afweging van belangen.

[92] Dit bleek bijvoorbeeld in de TT Assen-casus (Natura 2000-gebied Witterveld nabij het TT-circuit waardoor evenementen aanvankelijk op losse schroeven kwamen te staan), toen de Crisis- en herstelwet in 2010 de oude (niet EU) doelen uit de habitattoets losmaakte en daarvoor weer het regime van gelijkwaardige weging van art. 16 Nbw mogelijk maakte. Daardoor werd het weer mogelijk ecologische, recreatieve, sportieve en economische belangen te laten wegen en elk iets te gunnen. Zie Nbw-vergunning ex art. 16 jo. 19ia Nbw (vergunningnr. 5.1/2010003932) van GS provincie Drenthe aan het bestuur van de Stichting Circuit van Drenthe van 4 mei 2010 (www.drenthe.nl). Daarover ook: F.H. Kistenkas, *Van toetsing naar weging? Duurzame gebiedsontwikkeling en natuurwetgeving*, Landschap 2011-1, p.22.

Beschermde landschapsgezichten (art. 23 Nbw)

Wederom betreft het een GS-besluit (art. 23 lid 1 Nbw), met aanduiding van handelingen die de kenmerken van het landschapsgezicht kunnen aantasten (art. 24 lid 1 Nbw). De gemeenteraad is vervolgens verplicht een bestemmingsplan (hier wordt dus wel een link gelegd met de WRO) vast te stellen ter bescherming van dat landschapsgezicht. Men zou bijvoorbeeld kunnen denken aan cultuur-historische Belvedere-gebieden.

Overige internationale gebieden (art. 27 Nbw)

Het betreft hier internationale verplichtingen anders dan die vanuit de HVR.

Te denken valt bijvoorbeeld aan *Ramsar-wetlands*. Alle Nederlandse Wetlands vallen vooralsnog evenwel samen met de Vogelrichtlijngebieden. Uitvoering van het Verdrag van Ramsar (Iran, 1971) is vooral een morele verplichting die landen door toetreding op zich nemen. De bepalingen zijn minder dwingend en bindend dan die van de Vogelrichtlijn en de Habitatrichtlijn. LNV concludeert dat de aanwijzing tot Wetland (waterrijke gebieden, moerassen, vennen, veen- of plasgebieden, natuurlijk of kunstmatig, blijvend of tijdelijk, met stilstaand of stromend water, zoet, brak of zout, inclusief zeewater waarvan diepte bij eb niet meer is dan 6 meter) "op zichzelf geen rechtsgevolgen" heeft.

5.2 De habitattoets (Natura 2000)

Voor elk plan of project dat niet direct verband houdt met of nodig is voor het beheer van het Natura 2000-gebied (hierna: SBZ, speciale beschermingszone), maar afzonderlijk of in combinatie met andere plannen of projecten (zgn. *cumulatie*) significante gevolgen kan hebben voor zo'n gebied, wordt een passende beoordeling gemaakt van de gevolgen voor dat gebied rekening houdend met de instandhoudingsdoelstellingen van dat gebied.

Indien het plan of project ondanks negatieve conclusies van de beoordeling van de gevolgen voor het gebied, bij ontstentenis van alternatieve oplossingen, om dwingende redenen van groot openbaar belang toch moet worden gerealiseerd, dienen er compenserende maatregelen te worden genomen. Men vergelijke de habitattoets van art. 6 van de Habitatrichtlijn en art. 19d tot 19i van de Nbw.

De tekst van de Habitatrichtlijn is achterin dit boek opgenomen in Bijlage II en de artt. 19d -19h Nbw (de implementatie van art. 6 Habitatrichtlijn) in Bijlage III.

De vraag of er kans is op een significant negatief effect is daarom de allereerste vraag en beslissend voor het verdere verloop van de habitattoets. De Algemene Handreiking van het ministerie van LNV adviseert daarom om voorafgaand aan de vergunningaanvraag een oriëntatiefase of vooroverleg te doorlopen waarin wordt uitgemaakt of er een kans is op een significant negatief effect[93].

Is er met zekerheid geen (negatief en/of cumulatief) effect, dan is geen Nbw-vergunning nodig. Is er wel een mogelijk negatief effect, maar met zekerheid geen significant (negatief en/of cumulatief) effect, dan volstaat ex art. 19d Nbw de lichte verslechterings- en verstoringstoets. Is er daarentegen wel kans op een significant (negatief en/of cumulatief) effect, dan zal vergunningaanvraag via de *passende beoordeling* moeten verlopen (art. 19f Nbw) en komen ook de *alternatieventoets, dwingende redenen van groot openbaar belang* en *compensatie* (naar de beginletters ook wel de *ADC-toets* genoemd) aan de orde (art. 19g-h Nbw).

Wordt evenwel conform het voor het SBZ geldende beheersplan gehandeld, dan is überhaupt geen Nbw-vergunning nodig (zgn. *exoneratieve werking* van het beheersplan ex art. 19d lid 2 Nbw).

Bij de *habitattoets* van art. 19d ev. Nbw kan men dus vijf stappen onderscheiden:
1. significante gevolgen;
2. passende beoordeling;
3. alternatieventoets;
4. dwingende redenen van groot openbaar belang;
5. compensatie.

Bij kans op significant negatief gevolg zal er dus een vergunningaanvraag via passende beoordeling en *ADC-toets* (alternatieventoets, dwingende redenen en compensatie) moeten volgen (zie Box 13).

[93] Algemene Handreiking Natuurbeschermingswet 1998, LNV Den Haag 2005, p. 15 e.v.

Box 13. Natuurcompensatie: polderen om te ontpolderen.

De Hedwige-polder ligt in Zeeuws-Vlaanderen en dat is het gebied dat het weekblad *Binnenlands Bestuur* ooit "de uithoek van de uithoek" noemde. Zeeland, ooit in de 15e eeuw het centrum van de lage landen, zou nu als dunstbevolkte regio van Nederland een perifere en vergeten gebied zijn en Zeeuws-Vlaanderen is daar dan weer de periferie van. *Zeeland loopt leeg* heette het desbetreffende omslagartikel.
Maar Zeeland loopt wellicht ook vol. Met water wel te verstaan, want de Hedwige-polder zou in het kader van de habitattoets wellicht ontpolderd moeten worden. Ontpoldering van landbouwgronden blijft in Zeeland evenwel een heikel punt. Sentimenten uit 1953 werken nog steeds door tot in de jongste generatie. Het wil nog wel eens helpen om tegenover deze sentimenten ook eens rechtsargumenten te zetten. Voor de gouvernementeel ingestelde Zeeuw geldt dat afspraken moeten worden nagekomen. Die afspraken zijn hier zelfs van verdragsrechtelijke aard (verdrag met Vlaanderen over de realisering van de Ontwikkelingsschets 2010) en vooral ook van wettelijke aard: de Westerschelde en Saeftinge is Natura 2000-gebied (Figuur 7) en daarop geldt dan de Natuurbeschermingswet met zijn verplichtingen over natuurcompensatie en het halen van de instandhoudingsdoelstellingen.

Figuur 7. Europees Natura 2000-logo.

De adviescommissie Natuurherstel Westerschelde (kortweg de commissie-Nijpels) concludeert nu in hun rapport *Wennen aan de Westerschelde* [1] dat alternatieven voor ontpoldering van de Hedwige-polder binnen het Schelde-estuarium "er weinig lijken te zijn".
De adviescommissie heeft maar liefst 78 alternatieven voor ontpoldering van

[1] Natuurherstel Westerschelde, *Wennen aan de Westerschelde*, Commissie Natuurherstel Westerschelde, Den Haag 2008.

de Hedwige-polder in overweging genomen. Er is niet alleen gekeken naar de juridische aspecten, maar ook naar de technische en financiële aspecten. De natuurbeschermingsrechtelijke aspecten lijken in deze casus nogal overheersend en overtuigend. Waarom was er dan nog zo'n dik rapport nodig?
Op een onverwachte plek vinden we het antwoord verstopt. In dagblad *De Pers* vat Nijpels het allemaal bondig samen: "De provincie heeft geen daadkracht getoond en legde de kwestie op het bordje van de minister. Waarna de Tweede Kamer zich er ook mee ging bemoeien"[2]. Een dik rapport als antwoord op een gevoelige kwestie en te weinig provinciale daadkracht dus. Een inhoudelijk en wetenschappelijk rapport als breekijzer in een proces van haperende besluitvorming. Langzaam en procesmatig een jobstijding inmasseren, ofwel: polderend ontpolderen.

[2] M. Hulspas, *Weg met die bescheidenheid*, De Pers, 14 November 2008, p. 21.

Leest men art. 6 lid 3 van de Habitatrichtlijn (Hrl) en art. 19d e.v. Nbw goed, dan ziet men dat het gaat om significante gevolgen voor de instandhoudingsdoelstellingen (*conservation objectives*) van de SBZ. Instandhouding is in het definitie-artikel van de Hrl (vgl. art. 1 sub a Hrl) nader gedefinieerd als: behoud of herstel van habitats en soortenpopulaties in een gunstige staat van instandhouding (g.s.i.; *favourable conservation status*).

Het vooroverleg in de oriëntatiefase is bedoeld als een voorsorteren op en rangeerterrein[94] voor de verdere habitattoets. De initiator van het project (bijv. projectontwikkelaar) of plan (bijv. een ruimtelijk ordeningsplan in de zin van de WRO/Wro) voert alsdan tezamen met ecologisch adviesbureau of natuurwetenschapper en het bestuursorgaan al een voortoets uit. Men zou dit de natuurwetenschappelijke voortoets kunnen noemen.

Deze loopt vooruit op de *bestuurlijke toets* door het bevoegd gezag, maar het desbetreffende bestuursorgaan zit dus ook al aan bij de voortoets (zie Tabel 6).

Uiteindelijk kan er een *rechterlijke natoets* worden verricht. Hierbij toetst de bestuursrechter meestal of zorgvuldige besluitvorming heeft plaats gevonden (het zgn. *formele zorgvuldigheidsbeginsel* van art. 3:2 Awb).

[94] Zie Algemene Handreiking, p. 17.

Tabel 6. Fasering en rolverdeling habitattoets.

Rol	Fase	Taak	Wettelijk kader
1. Initiator	voortoets	ontwikkelen project of (RO) plan	Nbw jo. WRO[1]
2. Wetenschapper cq. adviesbureau	oriëntatiefase/ vooroverleg	natuurwetenschappelijke toetsing/advisering kans op significantie	Nbw (art. 19f-j) jo. art. 6 Hrl
3. Bestuursorgaan	toets	bestuurlijke toetsing	Nbw (art. 19d ev.: vergunning en art. 19j: goedkeuring)
4. Rechter	natoets	juridische natoetsing (meestal op zorgvuldige besluitvorming: art. 3:2 Awb)	Awb[2]

[1] Wet ruimtelijke ordening.
[2] Algemene wet bestuursrecht.

Bij de voortoets en de bestuurlijke toets zal uiteraard al gepreludeerd (moeten) worden op de meest recente eisen die in de juridische natoets zullen gelden; alsdan is de natuurwetenschappelijke en bestuurlijke toetsing immers juist en uiteindelijk in rechte verdedigbaar (*judge-proof*) verricht. De rol van de rechter en zijn significantiejurisprudentie is dus van zeer groot belang.

5.3 Significantie bij rechterlijke natoetsing

Activiteiten binnen een SBZ zijn niet zonder meer verboden vanwege dat feit alleen al. Het gaat om de significant negatieve effecten. Zelfs areaalverlies van de SBZ is niet op voorhand al meteen een significant effect. Er zal bij de concrete bepaling van significantie altijd maatwerk nodig zijn.[95]

Toch kan men in de eerste jurisprudentie van de Raad van State over het significantie-begrip uit de habitattoets van art. 6 Hrl en art. 19d ev. Nbw een zekere forfaitarisering bespeuren. De hoogste bestuursrechter lijkt zich niet zelden nogal gemakkelijk van de vraag af te maken of er sprake is van signifi-

[95] H.E. Woldendorp, *Kroniek Natuurbeschermingswet*, M&R 2011-3, p. 150.

cante effecten op natuurwaarden van een Natura 2000-gebied. Men hanteert dan bij voorkeur een generiek toepasbaar afnamepercentage, kilometrage of oppervlaktenorm. In wezen wordt het significantievraagstuk dan benaderd langs slechts een drietal wegen:

1. afnamenorm (bijv. 5% afname van kwalificerende soorten);
2. afstandsnorm (afstand tot SBZ);
3. oppervlaktenorm (afname van SBZ).

Zowel vanuit ecologisch als vanuit juridisch oogpunt kan men vraagtekens plaatsen bij deze forfaitaire en sterk generieke jurisprudentiële benadering[96]. Na een overzicht van de rechtspraak op dit punt, worden ook enige bedenkingen hierbij geplaatst.

De 5%-norm

Bij de 5%-norm wordt gekeken naar de (geschatte) afname van de (kwalificerende) soorten in het gehele SBZ-gebied. Zo was in het onderzoek bij de aanleg van een windturbinepark nabij SBZ IJssel (ABRS 17 december 2003, M&R 2004, 29; *Windpark De Mars Zutphen*) geraamd hoeveel (rotor)aanvaringsslachtoffers te verwachten waren onder kwalificerende vogelsoorten. De rechter accepteerde hierbij de door een onderzoeksbureau gehanteerde norm van 5%; geen van de kwalificerende soorten zal in het gehele gebied met 5% of meer afnemen.

> ABRS 17 december 2003, M en R 2004, 29 (Windpark De Mars Zutphen) is hier het basisarrest. Het IVN afdeling Zutphen-Warnsveld komt op tegen een goedkeuring door gedeputeerde staten van Gelderland van een bestemmingsplan voor de bouw van een windturbinepark nabij SBZ IJssel. Deze SBZ kwalificeert voor tien vogelsoorten. De vogels worden verstoord door lawaai en visuele hinder, doch geen van de kwalificerende soorten zal door verstoring

[96] Voor het nu volgende rechtspraakoverzicht is onder meer gebruik gemaakt van de jurisprudentiemonitor natuurbeschermingsrecht die jaarlijks voor de wettelijke Onderzoekstaken Natuur & Milieu (WOt N&M) van het Milieu- en Natuurplanbureau (MNP) wordt verricht. Zie voor een volledig overzicht van alle uitspraken: F.H. Kistenkas, W. Kuindersma, *Europees en nationaal natuurbeschermingsrecht*, Planbureaurapport 21, Wageningen 2004 en F.H. Kistenkas, W. Kuindersma, *Soorten en gebieden: het groene milieurecht in 2005*, WOt-rapport 7, Wageningen 2005; F.H. Kistenkas, W. Kuindersma, *Jurisprudentiemonitor natuur 2005-2007. Rechtsontwikkelingen Natura 2000 en EHS*, WOt-werkdocument 82, Wageningen 2008; Ch.W. Backes, A.A. Freriks, J. Robbe, *Hoofdlijnen natuurbeschermingsrecht*, Sdu uitgevers, Den Haag 2009, p. 106 e.v. en H.E. Woldendorp, *Kroniek Natuurbeschermingswet*, M&R 2011-3, p. 138-155.

> onder de drempelwaarde van 1% komen of in het gehele gebied met 5% of meer afnemen.
> Uitgaande van een rotordiameter van 66 meter en een ashoogte van 80 meter is het aantal aanvaringsslachtoffers onder de kolgans geschat op 3 tot 17 exemplaren per turbine per winterseizoen. De kans dat het aantal slachtoffers daadwerkelijk tot 17 oploopt, wordt klein geacht aangezien de vluchtbewegingen van de ganzen over het bedrijventerrein overwegend in zuidelijke richting plaatsvinden (r.o. 2.6.5).
> Daarom is het niet aannemelijk dat het plan significant negatieve effecten zal hebben op (ornithologische) waarden in de SBZ.
> Bestemmingsplan terecht goedgekeurd.

Nu zowel wetgever als bestuur alsook rechtspraak nog geen nadere invulling hebben gegeven aan het significantie-begrip en aldus als trias-staatsmachten in wezen een rechtstekort hebben laten voortbestaan, is het thans de ecologische adviespraktijk die dit tekort opheft. Eerder hanteerde evenwel ook Rijkswaterstaat al zo'n 5%-norm[97]. Uit de Maasvlakte-casus (ABRS 26 januari 2005) blijkt dat althans de Europese Commissie ook waarden onder de 5% soms als significant beoordeelt (populaties kuifduiker).

> In de rechtsliteratuur wordt het door sommigen onwenselijk geoordeeld dat een adviesbureau de rol van bestuursorgaan of (pseudo)wetgever-plaatsvervanger overneemt. Ook wordt een in abstracto gehanteerde 5%-drempel door sommigen als niet aanvaardbaar beoordeeld[98]. Rijkswaterstaat daarentegen had eerder al de 5%-grens verdedigd door er op te wijzen dat deze grens opgevat kan worden als zijnde de kleinst meetbare is, op het niveau van de in een gebied verblijvende populatie merkbare verandering.

Bij de *soortenbescherming* wordt overigens ook wel een 1%-norm gehanteerd om aan te duiden wat een "kleine hoeveelheid" in de zin van art. 9 lid 1 sub c Vogelrichtlijn kan behelzen. Het Hof van Justitie van de EG heeft in de zaak van de Finse jacht op watervogels 1% als kleine hoeveelheid geoormerkt (HvJEG 15 december 2005, C-344/03; EC vs. Finland). In het voetspoor hiervan oordeelt bijvoorbeeld de rechtbank Leeuwarden het Friese kievitseieren rapen als gesauveerd (Rb. Leeuwarden 15 maart 2006, JFf 2006, 64).

---

97 J.M.I.J. Zijlmans, *Wie is er bang voor de korenwolf?*, Rijskwaterstaat, Den Haag 2003, p. 85.

98 A.J. Durville, *Passende beoordeling*, M&R 2004, p. 78. Zie ook: F.H. Kistenkas, *Een staatsrechtelijke patstelling: de Waardenburgnorm*, Nederlands Juristenblad 2005, p. 212 en de discussie tussen Sj. Dirksen en F.H. Kistenkas, *De Waardenburgnorm bestaat niet, ofwel de klok en de klepel*, NJB 2005, p. 1194-1195.

Rechtsdogmatisch moet echter een onderscheid gemaakt worden tussen de habitattoets uit het *gebieds*beschermingsrecht (art. 6 Hrl jo. art. 19d e.v. Nbw) en de soortentoets uit het *soort*beschermingsrecht (art. 9 Vogelrichtlijn met betrekking tot vogelsoorten, art. 16 Hrl met betrekking tot soorten uit Annex IV van die richtlijn en de Flora en faunawet: hierna Ffw). De 5%-significantienorm behoort tot de habitattoets uit de Nbw. De 1%-norm speelt daarentegen een rol bij de soortentoets uit de Ffw.

De gehanteerde rekenmethodes kunnen ook onderdeel zijn van een juridisch geschil. Zo gaat het in Rb. Rotterdam 30 december 2010, M&R 2011, 67 (Eneco offshore windturbinepark Texel) om sterfte van de kleine mantelmeeuwkolonie in SBZ Duinen en Lage Land Texel van 6,91% hetgeen significant is. Maar de vraag is dan of de i.c. gevolgde rekenmethode wetenschappelijk onderbouwd is.

De afstandsnorm

Soms wordt de afstand van de plaats van een activiteit tot de SBZ als voldoende beschouwd om aan te nemen dat geen sprake zal zijn van negatief significante (externe) effecten. Daarbij lijkt niet zelden het enkele feit dat de (bouw)activiteit buiten de SBZ is gelegen reeds beslissend voor de vraag of er significante effecten zullen optreden. Van enige in concreto onderbouwende systematiek lijkt, althans gezien de bewoordingen van het vonnis, geen sprake.

Zo werd de aanleg van een jachthaven geaccepteerd op 120 meter van een SBZ en gescheiden door een drukke weg (ABRS 12 december 2001, M&R 2002, 111) of voorzag de betreffende rechter geen significante effecten van een plangebied, omdat het "enkele kilometers" van een SBZ verwijderd is (ABRS 19 april 2006, 200503961/1).

Ook werden geen significante effecten aanwezig geacht bij:
- een windenergiepark op 800 m (ABRS 30 januari 2002, M&R 2002, 120);
- glastuinbouw op 60 m (ABRS 20 maart 2002, M&R 2002, 98);
- een woonwijk op 800 m (ABRS 1 mei 2002, JM 2002, 84);
- wegreconstructie op 200 m (ABRS 30 oktober 2002, JM 2003, 36);
- wegaanleg "op enige afstand" (ABRS 31 november 2002, M&R 2003, 16);
- crematorium "op korte afstand" (ABRS 11 december 2002, JM 2003, 41);
- bebouwing op 250 m (Rb. Leeuwarden 31 december 2003, JM 2004, 35);

- windturbines met gondelverlichting op 2.400 m (ABRS 28 januari 2004, 200304649/1 nng[99]);
- windturbines op ca 4,5 km van SBZ Westerschelde en niet op centrum van trekvogelroute (ABRS 25 januari 2006);
- een landbouwontwikkelingsgebied (LOG) op 1,5 km afstand (ABRS 3 mei 2006, 200502664/1);
- vuurwerkopslag en verkoop op 8 km afstand (ABRS 29 mei 2006, 200602027/1);
- varkenshouderij op 3,5 km afstand (ABRS 14 juni 2006, 200508481/1[100]);
- randweg op ruime afstand (ABRS 22 november 2006, 200509477/1);
- stofemissies op ongeveer 100 m (ABRS 29 november 2006, 200510459/1).

Bij gebreke aan enig houvast in (nog niet opgestelde) beheersplannen, definitieve instandingsdoelstellingen of in (pseudo)wettelijke regelingen vastgestelde zoneringen, was de rechterlijke natoetsing de afgelopen jaren toch wel enigszins soepel en leek de rechter in wezen de afstandsnorm gelijk te stellen aan de afstand tot de SBZ. Beslissend lijkt zo het enkele feit te zijn of buiten de SBZ wordt gebouwd.

> ABRS 25 januari 2006, 200501778/1 (Windmolenpark Koegorspolder nabij Westerschelde) is een goed voorbeeld. In deze zaak wordt een milieuvergunning betwist die de gemeente Terneuzen verleend had aan Win Wind BV. De afstand tussen de windmolens en de SBZ Westerschelde bedraagt weliswaar circa 4,5 km, maar men had wel te maken met vogeltrekroutes van en naar deze SBZ. De rechter oordeelt evenwel dat het windmolenpark "zich niet bevindt ter plaatse *van concentraties* van vogeltrek- of vliegroutes" (cursivering van de auteur).
> Afstand daarom genoeg en i.c. geen significantie.

De grootste afstand met significante effecten was tot nog toe de aanleg van de Tweede Maasvlakte nabij Rotterdam met effecten op de Waddenzee (ABRS 26 januari 2005, 200307350/1).

---

[99] In rov. 2.15.2 betreft het o.i. evenwel niet zozeer meer de significantie-eis van art. 6 HR doch eerder de planologische toetsing.

[100] Bij een varkenshouderij op 1,23 km hadden evenwel ook de gevolgen van ammoniakdepositie onderzocht moeten worden (aldus ABRS 13 september 2006, 200510491/1).

De oppervlaktenorm

Een andere reden om geen significante effecten aan te nemen, is de kleine oppervlakte van een plangebied in verhouding tot de totale oppervlakte van de SBZ waarvan het plangebied deel uitmaakt. Zo werd een gebied dat slechts 0,015% bedroeg van de totale oppervlakte van een SBZ-bosgebied als verwaarloosbaar beschouwd (ABRS 10 juli 2002, 200103181/1).

Ook in ABRS 21 juni 2001, JM 2001, 115 oordeelt de rechter het van belang dat de betrokken SBZ vele malen groter is dan het gebied waar de activiteiten plaatsvinden. Men vergelijke ook ABRS 29 december 2004 (Tracebesluit Hanzelijn) inzake een brug over de IJssel: brug met slechts gering oppervlakte in relatie tot totale oppervlakte SBZ IJssel en ABRS 17 mei 2006, 200503122/1 inzake een bestemmingsplan van de gemeente Veere voor de rijksweg N57 en rondweg Serooskerke: plan leidt niet tot vermindering van de oppervlakte van de SBZ's Veerse Meer, Voordelta en Manteling van Walcheren.

ABRS 29 december 2004, 200403311/1 (Tracébesluit Hanzelijn) kan hier als zeer goed voorbeeld dienen. In deze uitspraak waarin o.m. de gemeente Hattem procedeert tegen de minister van Verkeer en Waterstaat over het Tracébesluit Hanzelijn Aanvulling Hattem-Zwolle komt bijkans het gehele omgevingsrecht in één uitspraak samen[101]. Zo worden rechtsoverwegingen gewijd aan achtereenvolgens de milieueffectrapportage, Vogel- en Habitatrichtlijn, cultuurhistorisch Belvedere-beleid, de EHS, soortenbescherming op grond van de Flora- en faunawet, de nota Ruimte voor de Rivier en luchtkwaliteit.
Met betrekking tot de stelling van de gemeente dat sprake is van verlies van habitatoppervlakte en reeds daarom sprake zou zijn van significante effecten, stelt de rechter dat de brug slechts een geringe oppervlakte inneemt in relatie tot de totale oppervlakte van de SBZ. Het verlies aan oppervlakte zou zich met name voordoen gedurende de bouwperiode.
Over cumulatief significante effecten (spoorbrug in cumulatie met verbreding naastgelegen verkeersbrug in de A28) overweegt de rechter dat de plannen voor verbreding van verkeersbrug niet zo ver gevorderd zijn dat deze plannen meegewogen hadden moeten worden (r.o. 2.2.11). Dictum: geen significante effecten.

[101] Men kan in deze uitspraak zeer goed zien hoe het omgevingsrecht a.h.w. planologiseert. Op het ruimtelijke spoor ziet men de verschillende sectoren van groen, blauw en grijs milieu samenkomen en steeds vaker geïntegreerd worden. Zie F.H. Kistenkas, M.G.G. Neven, *De planologisering van het omgevingsrecht*, Openbaar Bestuur 2004-6/7, p. 24-28 en F.H. Kistenkas, M.E.A. Broekmeyer, *Natuurbescherming en ruimtelijke ordening*, JFf 2004-3, p. 55-58.

Met zo'n regeling voor schijnbare kruimelgevallen (een *de minimis*-regel in juridisch jargon) zal men toch heel voorzichtig moeten zijn; zo kan een gering oppervlak nog wel een heel wezenlijk deel zijn voor een populatie en/of habitattype.

Areaalverlies is dus niet altijd een significant effect. Zelfs een areaalverlies van circa 10 hectare had geen significante gevolgen. Het betrof hier de aanleg van een eiland in de SBZ Wolderwijd en Nuldernauw (een SBZ van circa 2.600 hectare) nabij Zeewolde (ABRS 29 april 2009, 200800948/1) ter compensatie voor woningbouw, verkeerstoename en recreatiestranden. Dit eiland zou echter ook zorgen voor een nieuwe windluwe zone voor vogels en voor natuurontwikkeling. Er was i.c. dus tevens sprake van een ecologisch surplus.

5.4 Ecologische en juridische bedenkingen

Men kan zowel vanuit ecologisch als juridisch oogpunt enige bedenkingen hebben tegen een forfaitaire aanpak van generiek geldende percentages, kilometrages en hectares[102].

Ecologische bedenkingen

In de context van de Nbw zijn situaties aanwijsbaar waarin elk mogelijk effect als significant aangemerkt moet worden. Dat is bijvoorbeeld het geval wanneer de instandhoudingsdoelstelling voor een soort op "behoud" is gesteld en de staat van instandhouding op dat moment niet gunstig is, of wanneer de doelstelling "verbetering" is en de daaraan verbonden populatiegrootte nog niet bereikt is. In die gevallen is toepassing van om het even welke generieke norm voor de grootte van een effect niet op zijn plaats, elke kans op een effect dient immers vermeden te worden. Van toepassing van een norm zou eventueel wel sprake kunnen zijn wanneer de vraag is of een op zich gunstige staat van instandhouding significant verandert. Dan nog kan echter de vraag gesteld worden of de op dit moment in zwang zijnde generieke normen ecologisch voldoen.

- De 5% norm

  De 5%-norm heeft betrekking op een voorspelde afname van de populatiegrootte. Een afname van minder dan 5% heeft volgens deze norm geen

---

102 Vgl. eerder ook F.H. Kistenkas, R. Bugter, E.G Steingröver, *Significantie in de rechtspraktijk: de Achilleshiel van de habitattoets?*, JFf 2006-8, p. 207-211. Zie ook P.F.M. Opdam, M.E.A. Broekmeyer, F.H. Kistenkas, *Identifying uncertainties in judging the significance of human impacts on Natura 2000 sites*, Environmental Science & Policy 12 (2009), p. 912-921.

significant (lees meetbaar) gevolg. Ingevolge art. 6 jo. art. 1 sub a van de Habitatrichtlijn moet een significant gevolg echter gezien worden als een significante verandering van de gunstige staat van instandhouding (g.s.i.); in art. 6 en art. 1 sub a wordt immers een link gelegd tussen significantie, instandhoudingsdoelstellingen en g.s.i. Een afname van de populatiegrootte van 5% kan bij een maar *net* gunstige staat van instandhouding een onaanvaardbaar groter risico voor de populatie of zelfs de soort inhouden, terwijl bij een zeer gunstige staat van instandhouding het effect van een veel grotere afname verwaarloosbaar kan zijn. Een norm voor bijvoorbeeld de verandering van duurzaamheid of kwetsbaarheid van een populatie zou hier dus veel beter op zijn plaats zijn.

- De afstandsnorm
  In principe zijn er tegen een "per geval" beoordeling van het mogelijke effect van buiten het gebied voorkomende activiteiten geen ecologische bezwaren, mits een gedegen afweging gebaseerd op voldoende gegevens plaats kan vinden met betrekking tot de instandhoudingsdoelstellingen per SBZ. Gezien de grote verschillen wekt het in het hierboven gepresenteerde overzicht de indruk dat dit lang niet altijd het geval is of behoeft te zijn. De conclusie dat er geen significant gevolg mogelijk is, lijkt in een aantal gevallen eerder ingegeven door een gebrek aan gegevens of inzicht.
- De oppervlaktenorm
  Het grote bezwaar tegen de oppervlaktenorm zoals deze op dit moment gehanteerd wordt is dat, zoals eerder al aangeven, hieraan geen kwaliteitsbeoordeling ten grondslag ligt. Een eventuele oppervlaktenorm moet rekening houden met het belang dat het stuk dat wegvalt voor kwalificerende soorten heeft. Het zou namelijk kunnen dat het wegvallende stuk een hoogwaardige habitat voor één van de soorten is of dat het een essentieel onderdeel van een verbindingsketen vormt.

Juridische bedenkingen

Men kan zich afvragen of in plaats van de huidige jurisprudentiële, sterk generieke en forfaitaire benadering (percentages, kilometrages en hectares) niet een meer gebiedsspecifieke benadering gevolgd dient te worden. Significantie dient immers volgens de Habitatrichtlijn bepaald te worden aan de hand van de in concreto geldende *instandhoudingsdoelstellingen* en het beheersplan van het desbetreffende Natura 2000-gebied.

Een algemeen geldende 5%-norm of een oppervlaktenorm van bijvoorbeeld 0,015% is dan niet zonder meer hanteerbaar. Ook een afstandscriterium dat in zijn algemeenheid gelijk wordt gesteld aan het al dan niet buiten een SBZ bouwen is dan tekort door de bocht. Meer casuïstisch en per SBZ dient significantie bepaald te worden.

> Dat gebeurt bijvoorbeeld thans ook in de Engelse praktijk, alwaar alleen een in concreto (case-by-case) benadering, dus enkel een per SBZ (en de daarbij behorende instandhoudingsdoelstellingen) verschillende beoordeling volstaat. Generieke, in abstracto vastgestelde percentages en/of kilometrages (zgn. forfaits dus) volstaan dan juist niet. Vgl. de Engelse beleidsregels in Habitat Regulations Guidance Note 3 (HRGN-3) van English Nature (The determination of likely significant effect, 1999). English Nature (sinds najaar 2006: Natural England) adviseert, als een soort zelfstandig bestuursorgaan (zbo) voor natuurbescherming, alleen positief over een significance test als casuïstisch getoetst is aan de desbetreffende instandhoudingsdoelstellingen. Wellicht zou zowel deze gebiedsspecifieke benadering als die supervisie-rol van een eigen natuur-zbo ook een voorbeeld voor Nederland kunnen zijn[103].

Ook het Hof van Justitie lijkt trouwens in de Kokkelvisserij-zaak vooralsnog te opteren voor een (gebieds)specifieke *casuïstische* beoordeling (HvJEG 7 september 2004, C-127/02). En als men simpelweg de tekst leest van art. 6 lid 3 van de Habitatrichtlijn dan wordt hier ook gesproken van significante gevolgen "voor het gebied, rekening houdend met de instandhoudingsdoelstellingen van dat gebied".

Er kunnen geen vaste algemene criteria worden gehanteerd. Er is telkens maatwerk nodig. Iets ondernemen binnen een Natura 2000-gebied is niet zonder meer al verboden vanwege het enkele feit alleen al dat het in het gebied plaats zal vinden. Het gaat immers om de vraag of in het concrete geval er significante gevolgen zullen optreden met betrekking tot de onderhavige instandhoudingsdoelstellingen van het desbetreffende gebied[104].

Overigens is, zoals al in Hoofdstuk 1 aangegeven, de habitattoets een eenzijdige toetsing die als rechtsvindingsmethodiek geen ruimte biedt aan weging van sociaal-economische en ecologische belangen en daardoor duurzame gebiedsontwikkeling in de weg kan staan.

---

[103] *Cf.* F.H. Kistenkas, A.M. Schmidt, *Een Nationale Natuurautoriteit*, Tijdschrift Openbaar Bestuur 2006, jrg. 16 nr. 11, p. 38-40. Zie nader over de intermediaire rol van een zbo als English Nature (of quasi-NGO (ook wel: *quango*) zoals de Engelsen het zelf noemen): M.G.G. Neven, F.H. Kistenkas, *Highlights Eurosites Insights*, Alterra, Wageningen 2005, *passim*.

[104] Zie verder voor een geactualiseerd overzicht: H.E. Woldendorp, *Kroniek Natuurbeschermingsrecht. Recente ontwikkelingen in het gebiedsbeschermingsrecht*, M&R 2011, p. 138-155.

5.5 Hand aan de kraan

In het voetspoor van de vaste rechtspraak van het Europese Hof van Justitie (HvJEG 7 september 2004, C-127/02 in de Kokkelvisserij-zaak) werd telkens door de Nederlandse rechter absolute zekerheid geëist bij de vraag uit de habitattoets of er zich wel of niet significante gevolgen konden voordoen voor een Natura 2000-gebied.

In zijn geruchtmakende uitspraak ABRS 29 augustus 2007 (200606028/1) houdt de Raad van State het rijksprojectbesluit voor gaswinning onder de Waddenzee overeind. Weliswaar was er geen volledige zekerheid over de effecten van bodemdaling op de natuurwaarden van het Europees beschermde Wad, maar nu de overheid "hand aan de kraan" houdt, zou er i.c. toch "borging van de vereiste zekerheid" zijn (r.o. 2.17.4). Dat *hand aan de kraan*-principe houdt dan in dat de gevolgen van gaswinning voortdurend gemonitord worden en het boren naar gas door de minister eventueel kan worden bijgesteld of worden gestopt. De onzekerheid wordt dus als het ware weggemonitored.

De Raad van State erkent dus dat er voor het Natura 2000-gebied onzekerheid is voor de natuurwaarden, maar met "de hand aan de kraan" is er toch weer wel zekerheid. Dat lijkt op een *non sequitur*, want als je dan zo zeker bent, waarom moet je dan nog een hand aan de kraan houden?

De uitspraak klopt in elk geval niet met de gevestigde communautaire jurisprudentie. Het HvJEG eist immers sinds het vermaarde Kokkelvisserij-arrest (HvJEG 7 september 2004, C-127/02) gewoon zekerheid alvorens er toestemming kan worden gegeven. In dat Kokkelvisserij-arrest zegt het Hof in rov. 57 dat wanneer er voor het natuurgebied onzekerheid bestaat de bevoegde autoriteit ingevolge art. 6 van de Habitatrichtlijn en het daarin besloten liggende *voorzorgsbeginsel* gewoonweg toestemming voor het plan of project moet weigeren.

Geen hand aan de kraan dus, maar voet op de rem. De EU-rechtspraak volgend had de Raad van State het gaswinningsbesluit dus moeten – of althans heel gemakkelijk kunnen – tackelen. Is die uitspraak dus fout? Niet noodzakelijkerwijze. Wellicht is hij dan op dit moment Europeesrechtelijk onjuist, maar misschien is deze Europese jurisprudentie op zijn beurt wel onjuist. De gaswinningscasus toont ons inziens aan dat de huidige HvJ-lijn van absolute zekerheid op den duur volledig zal vastlopen. In de ecologie kan men namelijk niet altijd absolute zekerheid bieden. Biologen weten dat hun vak geen wiskunde is. Juristen weten dit kennelijk niet of hebben nog de ijdele hoop dat ecologie een exacte bèta-wetenschap is met eenduidige effectenstudies.[105]

Bij de vraag of er significante effecten zullen zijn op natuurwaarden (de eerste stap bij de habitattoets ex art. 6 Habitatrichtlijn en art. 19d e.v. van de Natuurbeschermingswet) heeft men wetenschappelijke informatie nodig, maar deze informatie zal voortdurend gepaard gaan met onzekerheid: "Scientific information always comes with uncertainty, because of limitations in data or knowledge and because natural systems are inherently stochastic" [106] . Soms kan men onvolledige data door meer veldonderzoek te doen simpelweg aanvullen. Alsdan eist het voorzorgsbeginsel dat je dan eerst dat aanvullend veldonderzoek doet, maar de onzekerheid en onvoorspelbaarheid in verband met complexe, dynamische ecosystemen kan geen ecoloog op voorhand wegnemen. Bodemdaling op het Wad is inderdaad een voorbeeld van een dergelijke onzekere stochastiek, die de Raad van State ons inziens terecht onderkent. Bij de habitattoets zullen we uiteindelijk toch met stochastiek en onzekerheid moeten leren omgaan. Dat geldt ook voor het HvJEG met zijn huidige nog veel te rigide benadering.

Datzelfde voorzorgsbeginsel dat de HvJEG tot de strenge Kokkelvisserij-uitspraak deed komen, heeft de EU ook wel eens anders uitgelegd. De Europese Commissie accepteert wetenschappelijke onzekerheid en begrijpt dat een "total ban may not be a proportional response to a potential risk in all cases" en geeft de mogelijkheid aan van risk reduction measures[107]. Een monitoringsprotocol met een overheidshand aan de kraan als bij de gaswinning is natuurlijk te beschouwen als zo'n risk reduction measure. Het biedt een antwoord op de structurele onzekerheid van bodemdaling, dat ons inziens verdedigbaar is onder het communautaire voorzorgsprincipe. Als er maar sprake is van een sterke hand aan de kraan met de mogelijkheid van een tijdige en stevige voet op de rem, dan zou men deze onzekerheid

[105] F.H. Kistenkas, M.E.A. Broekmeyer, *Gaswinning Waddenzee. Hand aan de kraan of voet op de rem?*, Nederlands Juristenblad 2007, p. 2376.

[106] P. Harremoës, *Ethical Aspects of Scientific Incertitude in Environmental Analysis and Decision-making*, Journal of Cleaner Production 2003-11, p. 705 e.v. en P.F.M. Opdam, M.E.A. Broekmeyer, F.H. Kistenkas, *Identifying uncertainties in judging the significance of human impacts on Natura 2000 sites*, Environmental Science & Policy 2009-12, p. 912-921.

[107] European Commission, *Communication from the Commission on the precautionary principle*, COM (2000)1, Brussel 2000.

inderdaad kunnen "wegmonitoren". Dat is ook juist in overeenstemming met het voorzorgsprincipe te achten.

In een andere zaak met betrekking tot de mosselvisserij (ABRS 27 februari 2008, 200607555/1) was die hand aan de kraan (i.c. hand aan de korf) gecombineerd met een mogelijkheid van een tijdige voet op de rem er kennelijk volgens de Raad van State niet of in onvoldoende mate. De vergunningvoorwaarden sloten "de aantasting van de natuurlijke kenmerken van het gebied (SBZ Waddenzee) tijdens de onderzoeksperiode" niet uit.

Een op het eerste gezicht gekunstelde uitspraak van de Raad van State lijkt ons bij nader inzien toch een juiste en vernieuwende uitspraak. De Raad van State begrijpt gewoon dat biologie niet altijd exacte wetenschap is. Nu het Hof van Justitie nog...

Door deze uitspraak kunnen in Nederland in de nabije toekomst (voorwaardelijke) toestemmingen worden verwacht als een effectenrapportage (nog) geen zekerheid kan verschaffen. Wel is dan een *monitoringsprotocol* als vergunningsvoorwaarde verplicht. Men kan in de toekomst dus een toename van dergelijke *voorwaardelijke Nbw-vergunningen* verwachten (Box 14).

Box 14. Nederland op slot?

Altijd hoor je dat Nederland bij de implementatie van Natura 2000 strenger zou zijn dan het ons omringende buitenland. Nooit hoor je dat Nederland ook soepeler is, terwijl dat laatste juridisch toch vrij gemakkelijk te verdedigen is. Iedere Europese richtlijn geeft enige beleidsruimte aan een lidstaat: daarom is het ook een richtlijn en geen verdrag of een EU-verordening. Dat geldt dus ook voor de Habitat- en Vogelrichtlijn. Terwijl je nog binnen de marges van de richtlijn blijft (*richtlijnconform* heet dat in jargon), kun je toch als lidstaat faciliterend bezig zijn en dat heeft Nederland op tenminste drie punten gedaan.
In de Nederlandse rechtspraak is recentelijk immers de mogelijkheid geaccepteerd om als bevoegd gezag toch een vergunning te verlenen ook al is er nog geen zekerheid met betrekking tot de effecten op de natuurwaarden. In de rechtspraak van andere lidstaten is deze faciliterende mogelijkheid vooralsnog niet aangetroffen. Daar wordt nog steeds vastgehouden aan de oude lijn van het Hof van Justitie (HvJ) uit het Kokkelvissers-arrest. In het voetspoor van deze uitspraak van het HvJ van 7 september 2004 word telkens absolute zekerheid geëist bij de vraag uit

de habitattoets of er zich wel of niet significante effecten kunnen voordoen op de natuurwaarden van een Natura 2000-gebied.
In zijn uitspraak van 29 augustus 2007 houdt de Nederlandse Raad van State evenwel een besluit voor gaswinning onder de Waddenzee overeind. Weliswaar was er geen volledige zekerheid over de effecten van bodemdaling op de natuurwaarden van het Europees beschermde Wad, maar nu de overheid "hand aan de kraan" houdt, zou er toch "borging van de vereiste zekerheid" zijn. Zo opent deze vernieuwende rechtspraak volgens mij in theorie ook mogelijkheden voor bijvoorbeeld beperkte en tijdelijke mosselvisserij in de Waddenzee of alvast beginnen met zandwinning nabij de Maasvlakte. Niet alles hoeft immers op voorhand duidelijk en zeker te zijn, als er maar een ecologisch verantwoord monitoringsprogramma is met de mogelijkheid van een tijdige voet op de rem.
In de rechtsliteratuur is er reeds op gewezen dat de doorbraak die onze Raad van State geeft heel slim uitgedacht is en dat de huidige HvJ-lijn van absolute zekerheid op den duur volledig zal vastlopen. Bij de habitattoets zullen we uiteindelijk toch met ecologische onzekerheid moeten leren omgaan. Dat geldt ook voor het HvJ met zijn huidige nog veel te rigide benadering. Nederland kent als enige lidstaat die rigiditeit niet en blijft hiermee desondanks toch nog binnen de marges van de richtlijn.
Een tweede faciliterende omstandigheid in Nederland is dat beheersplannen ingevolge de Natuurbeschermingswet een vrijstelling van de vergunningplicht geven. De vergunningsplicht is immers niet van toepassing als projecten worden gerealiseerd of handelingen worden verricht overeenkomstig het beheersplan voor het desbetreffende Natura 2000-gebied. Beheersplannen zijn weliswaar naar Europees recht niet verplicht en inderdaad alleen door de Nederlandse (en Zweedse) wetgever verplicht gesteld, maar ze leveren dus wel mooi een vrijstellingsmogelijkheid op.
Ook bij de soortenbescherming van de Flora- en faunawet kennen we in Nederland inmiddels zo'n vrijstelling van de ontheffingsplicht als gevolg van de introductie van de mogelijkheid van gedragscodes. Nu er ook al een *Gedragscode Bouw- en ontwikkelingsector* op tafel ligt, zal dat in de praktijk een hoop papierwerk schelen.
En bovendien: in een eerdere jurisprudentie-analyse bleken uiteindelijk de meeste projecten van de Raad van State gewoon groen licht te krijgen. [1] Dat aantal steeg ook ieder jaar. De hardnekkige en veelvuldig geventileerde opvatting dat Nederland door de natuurwetgeving steeds meer "op slot" zou gaan, wordt zo dus wederom niet bevestigd.

---

[1] Zie F.H. Kistenkas en W. Kuindersma, *Jurisprudentiemonitor natuur 2005-2007*, Wettelijke Onderzoekstaken Natuur en Milieu, Wageningen 2008.

5.6 Weging of toetsing?

Een alternatief voor toetsing aan enkel vaste ecologische criteria (zoals thans bij de habitattoets) zou wellicht een *afweging* van ecologische, economische en maatschappelijke belangen kunnen zijn.

Zowel de EHS als Natura 2000 kennen de toetsing als rechtsvindingsmethode. Er is intussen ook veel kritiek te uiten op deze toetsing aan vaste en statische instandhoudingsdoelstellingen (habitattoets) of wezenlijke kenmerken en waarden (EHS-toets). Alleen al door klimaatverandering zou hier op den duur niet aan voldaan kunnen worden.[108]

Bij deze weging zou ook het relatief nieuwe concept van *ecosysteemdiensten* gebruikt kunnen worden: het in kaart brengen welke baten de natuur of de ecosystemen de mensheid bieden (zie ook vorige hoofdstuk).

Waardering en monetarisering van ecosysteemdiensten is evenwel niet altijd gemakkelijk, zeker als het gaat om diensten die niet via de markt lopen. Men onderscheidt doorgaans een viertal diensten: *productiediensten* (bijvoorbeeld hout, voedsel, zoet water, medicijnen, duurzame energieproductie als biomassa of windenergie), *culturele diensten* (recreatie, bodemarchief, cultuurhistorie, gezondheid, esthetische beleving, artistieke en religieuze inspiratie), *regulerende diensten* (plaagbestrijding, bestuiving, koolstofvastlegging, waterregulatie, reinigend vermogen) en *ondersteunende diensten* (nutriëntenkringloop, biodiversiteit ofwel diensten die de levering van andere diensten mogelijk maken). Productiediensten zijn nog wel relatief eenvoudig via marktprijzen te waarderen, maar voor de andere diensten ligt dat anders. [109]

Mogelijk is deze alternatieve benadering van weging juridisch te construeren via de normenhiërarchie uit Hoofdstuk 1: het duurzaamheidsbeginsel van art. 3 VEU met zijn 3P-weging (*planet, profit, people*) zou mogelijkerwijs in concrete gevallen kunnen prevaleren boven art. 6 van de Habitatrichtlijn met zijn habitattoets. In Hoofdstuk 1 is dit idee al nader besproken.

---

[108] A. Cliquet, Chr. Backes, J. Harris, P. Howsam, *Adaptation to climate change. Legal challenges for protected areas*, Utrecht Law Review 2009-5, p. 158-175. Zie ook de kritiek op de huidige habitattoets van A. Trouwborst, *International nature conservation law and the adaptation of biodiversity to climate change: a mismatch?*, Journal of Environmental Law 2009-21, p. 419-442 en J. Ebbeson, *The rule of law in governance of complex socio-ecological changes*, Global Environmental Change 2010-20, p. 414-422.

[109] Th.C.P. Melman, C.M. van der Heide, L.C. Braat, H.A. Udo de Haes, *Ecosysteemdiensten: nieuw anker voor omgevingsbeleid?*, Landschap 2010-4, p. 209-219.

In Hoofdstuk 1 hebben we immers gelezen dat verdragen de hoogste rechtsbronnen zijn (normenhiërarchie). Ze zijn hoger dan het secundaire EU-recht van richtlijnen en verordeningen. De EU-verdragen bevatten ook algemene rechtsbeginselen en beginselen van milieurecht die n.m.m. eveneens natuurbeschermingsrechtelijk van belang zouden kunnen zijn. Het bekende oude art. 2 EG-Verdrag bevatte reeds een duurzaamheidsbeginsel, waarbij zowel aan sociaal-economische belangen (people, profit) wordt gerefereerd als aan ecologische belangen. Art. 2 EG-Verdrag over duurzame ontwikkeling is sinds eind 2009 terug te vinden in art. 3 lid 3 VEU.
Overigens wijst ook ons eigen nationale art. 19e sub c Nbw op "rekening houden met ... vereisten op economisch, sociaal en cultureel gebied, alsmede regionale en lokale bijzonderheden". Sub a en b vinden we evenwel weer de instandhoudingsdoelstellingen en beheerplan (resp. art. 19e sub a) genoemd. Dat lijkt op een rangorde te duiden, waarbij ecologische doelen primair zijn. Voorts is niet duidelijk wat precies met "rekening houden met" wordt bedoeld: is dit toetsing aan of weging van? Kortom: welke rechtsvindingsmethodiek wordt hier bedoeld?

De rechtspraktijk heeft dit evenwel nog niet aangedurfd. Ook het nieuwe wetsontwerp voor een *Wet Natuur* houdt vast aan toetsing. In de Memorie van Toelichting bij het wetsontwerp wordt weliswaar veelbelovend begonnen met zinsneden als "duurzaam gebruik van ecosysteemdiensten" en "een goede balans tussen ecologie, economie en samenleving", maar een memorie van toelichting is evenwel niet de eigenlijke wettekst. Het gaat er uiteraard om wat er in de wet zelf staat; dat is juridisch bindend.

In de wettekst zelf lezen we echter niets meer terug over die ecosysteemdiensten en die balans tussen ecologie, economie en maatschappij.

Integendeel: ook de nieuwe natuurwet handhaaft de oude vertrouwde habitattoets en soortentoets. Om belangen of diensten in balans te brengen heb je wettelijk een afwegingsmogelijkheid nodig en bij eenzijdige toetsing aan instandhoudingsdoelstellingen heb je die rechtsdogmatisch dus juist niet. Natuur*beschermings*recht wordt zo nooit verbreedt tot natuurgebruiks- en natuurbelevingsrecht. Functiecombinaties zullen moeilijk, zo niet uitgesloten blijven; ook duurzame functiecombinaties zoals een windmolenpark op zee of in het bos met zijn mogelijk zelfs heilzame refugium-werking voor natuur. Niet alleen op land maar vooral ook op zee kon dit ons wel eens lelijk gaan opbreken. Toetsing leidt wellicht ook eerder tot een soort onnodige "planologische apartheid" van allerlei gebiedjes met een zeer beperkte, enkelvoudige bestemming.

> De wet biedt dus geen vernieuwing op dit punt, maar je zou kunnen zeggen dat dat van de Europese richtlijnen misschien ook niet mag. Die schrijven immers zo'n habitattoets of soortentoets voor. Ja, maar het Europese recht en zeker het internationale recht is heel wat meer dan alleen een Brusselse Habitatrichtlijn. Als departementaal wetgevingsjurist of als lid van een voorbereidingscommissie had men ook op zoek kunnen gaan in andere en hogere internationale rechtsbronnen voor aanknopingspunten voor een nieuw en beter natuurrecht.

Interessant is in dit verband ook nog de Crisis- en Herstelwet van 2010. Deze wet introduceert het *gebiedsontwikkelingsplan* (GOP) waarin gemeente of provincie tien jaar lang kunnen afwijken van milieunormen. Na die tien jaar moet het eindresultaat zo zijn dat wel aan die (nationale en Europese) milieunormen wordt voldaan. Tot die tijd kan men de milieugebruiksruimte vergroten (geluidsschermen, luchtwassers, aanpassen vergunningen, snelheidsbeperkingen, externe veiligheidsmaatregelen etc.), kan men rekening houden met bestaande rechten en zou men wellicht ook een belangenafweging kunnen verrichten.[110]Het betreft ingevolge art. 2.3 een weging van milieukwaliteit en duurzame ruimtelijke en economische ontwikkeling. Een GOP-gebied (ex art. 2.2 een zogenoemd *ontwikkelingsgebied*) moet bij AMvB worden aangewezen, zou wellicht *avant la lettre* een duurzaamheidsweging (tijdelijk) mogelijk maken, maar betreft ex art. 2.2 lid 1 "een gebied zijnde bestaand stedelijk gebied of bestaand bedrijventerrein" en kennelijk dus geen natuurgebied. Men zou een GOP-gebied echter ook zo kunnen zien dat daarin alleen economische criteria gelden. Aldus beschouwd is het weer een eenzijdige toetsing.

5.7 Crisis- en herstelwet en Natura 2000

Via art. 3.8 van de Crisis- en herstelwet (Chw) uit 2010 werden ook enkele bepalingen van de Natuurbeschermingswet (Nbw) gewijzigd. Een drietal punten vallen op:

1. *Separaat regime stikstofdepostie.* Er werd een nieuw art. 19ia Nbw voorgesteld met een apart regime voor stikstofdepositie in geval er geen sprake is van toename (stand-still): deze (bestaande en mogelijk te hoge) depositie blijft buiten de beoordeling bij een Nbw-vergunningaanvraag.
2. *Oude doelen uit habitattoets.* In een nieuw art. 19ib Nbw werden de zgn. oude doelen (i.e. de natuurdoelen die golden voor de oude natuurmonu-

[110] B. Schueler, *Crisis, herstel en integratie in het Nederlandse omgevingsrecht*, Onze Omgeving 2010-2, p. 46.

menten en zijn meegenomen bij de instandhoudingsdoelstellingen voor het Natura 200-gebied) uit de habitattoets gegooid.

3. *Bestaand gebruik blijft vergunningvrij*. Bestaand gebruik blijft ook na vaststelling van (en niet meenemen van dat gebruik in) beheerplan vergunningvrij (nieuw art. 19d lid 3 Nbw).

De vraag is of dit niet in strijd met het Europees recht en de communautair verplichte habitattoets komt en dus niet meer richtlijnconform (i.c. de Habitat- en Vogelrichtlijn) zou zijn. Hieronder worden de drie omstreden punten juridisch geanalyseerd.

Separaat stikstofregime

Bij de totstandkoming van de wet had de Raad van State (dit keer niet als bestuursrechter doch als adviesorgaan opererend) vooral veel kritiek op punt 1 en spreekt van "een contraproductieve impuls" en van "strijd met de verplichtingen ... uit de Habitatrichtlijn, mede bezien in het licht van het voorzorgsbeginsel als een van de grondslagen van het Gemeenschapsbeleid op milieugebied". Het antwoord van de regering is dat gekozen wordt voor een planmatige aanpak in het kader van een beheerplan. Het aparte regime geldt bovendien alleen maar als er per saldo geen toename is (stand-still) en voorts wordt verwezen naar "een goede balans ... tussen de duurzaamheidsaspecten *people, planet, profit*".

De HVR bevat geen tijdslimiet waarbinnen de instandhoudingsdoelstellingen behaald moeten worden. In juridisch jargon: er is geen harde *fatale termijn* waarbinnen de doelstellingen behaald moeten zijn.

Eerder had ook een adviescommissie, de Adviesgroep-Huys, in 2009 al aangegeven dat een planmatige aanpak om bijvoorbeeld stikstofdepositie op termijn terug te dringen aldus tot de juridische mogelijkheden zou behoren. Deze commissie stelde, nu een harde deadline in de HVR ontbreekt, een gebiedsgericht programma of plan voor met een tijdsfasering bij het bereiken van de instandhoudingsdoelstellingen.

In haar brief van 30 juni 2009 (PDN.2009.56) had de toenmalige minister van LNV deze conclusies van de adviesgroep Huys reeds overgenomen en merkt zij hierover nog op dat het bij de tijdsfasering kan gaan "om een periode van tientallen jaren".

> De RvS verwijst voorts naar het voorzorgsbeginsel. Dat milieubeginsel staat, zoals we eerder reeds zagen, in het EU Verdrag, maar wil niet per sé zeggen dat als er geen zekerheid is over het uitblijven van negatieve gevolgen het project afgeblazen zou moeten worden. Bovendien staan er in datzelfde EG-Verdrag ook nog andere beginselen waaronder zeer prominent het duurzaamheidsprincipe als verwoord door de regering (balans people, planet en profit). Dat principe staat als richtinggevend EU-basisprincipe in art. 3 van het EU Verdrag. Dit art. 3 is niet alleen richtinggevend voor het voorzorgsbeginsel maar ook juridisch-hiërarchisch hoger dan de Habitatrichtlijn: deze richtlijn is immers van secundair communautair recht.

Alhoewel het op zichzelf genomen opmerkelijk is dat voor stikstof (en dus voor m.n. de varkenssector) een apart regime geldt en voor andere sectoren niet (de RvS spreekt in dit verband in het advies treffend van "gesplitste toetsing"), is een separaat regime niet in strijd met de HVR Een programmatische aanpak waarbij op langere termijn de depositie wordt teruggebracht is niet in strijd met de richtlijn.

Oude doelen

Dat de zgn "oude doelen" nu buiten de habitattoets worden gebracht is evenmin in strijd met de HVR, nu de oude doelen slechts nationale doelen (de oude doelen die bij het eertijdse natuurmonument hoorden) en geen Europese doelen (instandhoudingsdoelstellingen; de verplichte *conservation objectives*) zijn voor het Natura 2000-gebied, de SBZ.

Bestaand gebruik

Bestaand gebruik blijft ook na vaststelling van (en niet meenemen van dat gebruik in) beheerplan vergunningvrij (nieuw art. 19d lid 3 Nbw). Wel is er een *aanschrijvingsbevoegdheid* van het bevoegd gezag om wanneer nodig passende maatregelen te (doen) treffen. Nu dit bestaand gebruik wordt vrijgesteld van de Nbw-vergunning, lijkt het erop dat de habitattoets niet toegepast kan worden en er aldus strijd is met de HVR. Ook het RvS-advies lijkt dit op sommige plaatsen te suggereren.

Het is echter een hardnekkig misverstand dat de habitattoets alleen maar via een apart vergunningentraject kan worden verricht zoals in Nederland de Nbw-vergunning. De HVR eist geen vergunning maar alleen een habitattoets. Dat zou wellicht ook kunnen via een aanschrijving van het bevoegd gezag daartoe.

> Niet in het onderhavige antwoord aan de RvS (Nader Rapport), maar al eerder bij de wijziging van de Nbw van begin 2009 wees de regering er op dat het inderdaad niet zo is dat de door art. 6 Habitatrichtlijn vereiste bescherming exclusief geïnstrumenteerd kan en mag worden door middel van een vergunningenstelsel (Nader Rapport TK 2006-2007, 31 038, nr 4, p.7). De HVR verplicht niet tot een (apart of een bestaand) vergunningsysteem. Een aanschrijving zou dus ook kunnen.
> Dat betekent echter wel dat de bewijslast wordt omgedraaid: het bevoegd gezag moet nu aantonen dat sprake is van significantie en niet de bestaand gebruiker en/of initiatiefnemer. Dit roept de vraag op of er wel sprake is van voldoende handhavingscapaciteit bij het bevoegd gezag nu het initiatief van hem uit moet gaan.

Intussen is niet duidelijk gedefinieerd in art. 1 sub m Nbw wat bestaand gebruik is: "iedere handeling die op 1 oktober 2005 werd verricht en sedertdien niet of niet in betekende mate is gewijzigd". Niet altijd duidelijk zal zijn wat "in betekende mate" precies is.

Zowel het separate stikstofregime als het uit de habitattoets halen van oude doelen alsook het vergunningvrije bestaand gebruik is juridisch dus niet onverdedigbaar te achten in het licht van de HVR. De Chw 2010 opereert langs het randje van de HVR, maar gaat er net niet overheen.

5.8 Conclusies Natura 2000

De beantwoording van de vraag of er sprake is van significantie is beslissend voor het verdere verloop van de habitattoets (art. 19d e.v. Nbw).

Het gaat bij significantie om gevolgen voor de *instandhoudingsdoelstellingen* van de desbetreffende SBZ. Volgens het definitie-artikel uit de Habitatrichtlijn is hierbij de *gunstige staat van instandhouding* (het zogenoemde g.s.i.-criterium) van habitats en/of soortenpopulaties relevant.

Bij de voortoets (door initiatiefnemer, ecologisch adviesbureau/ecoloog en bestuursorgaan) en de bestuurlijke toets zal uiteraard al gepreludeerd (moeten) worden op de meest recente eisen die in de juridische natoets zullen gelden; alsdan is de natuurwetenschappelijke en bestuurlijke toetsing immers juist en uiteindelijk in rechte verdedigbaar (*judge-proof*) verricht.

Zolang deze instandhoudingsdoelstellingen en de beheersplannen (die ex art. 19d lid 2 Nbw o.m. zelfs vrijstelling van de vergunningplicht kunnen opleveren) voor SBZs nog niet definitief zijn vastgesteld, lijkt de rechtspraak genoegen te nemen met een forfaitaire benadering van het significantievraagstuk en wordt het vraagstuk benaderd langs slechts een drietal wegen: afname van kwalificerende soorten, afstand tot SBZ en afname van SBZ-oppervlak. Vanuit zowel ecologische als juridische optiek kan men hier kritische kanttekeningen bij plaatsen.

Bij onzekerheid over significantie kan volgens recente jurisprudentie van de Raad van State onder voorwaarde van monitoring en *hand aan de kraan* (met een nog tijdige voet op de rem) toch een Nbw-vergunning worden verleend. Dit lijkt als *risk reduction measure* in overeenstemming met het voorzorgsbeginsel, alhoewel het HvJEG hier eerder nog anders over dacht.

5.9 Soortenbescherming

Voor soortenbescherming van planten- en dieren is de Flora en faunawet (Ffw) van toepassing. Deze wet bevat de implementatie van de specifieke soortenbescherming uit de Vogel- en Habitatrichtlijn en aanvullende nationale bescherming van soorten.

De Ffw kent ook een uitgebreide en complexe regeling voor de jacht (artt. 31 t/m 55 Ffw). Deze zal hier niet besproken worden.

Art. 2 Ffw bevat een *algemene zorgplicht*. Op grond van het eerste lid dient een ieder voldoende zorg in acht te nemen voor de in het wild levende dieren en planten en voor hun leefomgeving.

Op 17 mei 2011 is in de Eerste Kamer de *Wet Dieren* aangenomen. Beoogd werd inwerkingtreding per 1 januari 2013. Deze wet richt zich niet zozeer op in het wild levende dieren (zoals de Ffw), doch meer op *gehouden* dieren zoals landbouw- en gezelschapsdieren. In de Wet Dieren worden evenwel ook dieren beschermd die niet worden gehouden, in het bijzonder door het verbod op dierenmishandeling en door de plicht om hulpbehoevende dieren zorg te verlenen.

De Ffw kent voorts een aantal (verstorings)verboden ten behoeve van dier- en plantensoorten, waar een ingewikkeld vrijstellings- en ontheffingenregime voor geldt. In de praktijk is vooral het ontheffingenregime van art. 75 Ffw van groot belang.[111]

In 2005 trad het *Besluit van 10 september 2004 houdende wijziging van een aantal algemene maatregelen van bestuur in verband met wijziging van artikel 75 van de Flora- en faunawet en enkele andere wijzigingen* (Staatsblad 2004, 501) in werking; in de wandeling meestal de *AMvB art. 75* of ook wel het *Vrijstellingsbesluit* genoemd. Met dit besluit werd beoogd te regelen dat niet onnodig meer ontheffing behoeft te worden aangevraagd. Ook werd de *gedragscode* als nieuw instrument voor soortenbescherming geïntroduceerd. Een gedragscode wordt door de sector, organisatie en/of bedrijfsschap zelf opgesteld en ter goedkeuring voorgelegd aan de minister. Er gelden geen vormvereisten voor zo'n code. Na goedkeuring wordt een gedragscode op de website van het ministerie gepubliceerd. Het handelen volgens zo'n gedragscode kan onder bepaalde omstandigheden (zie hierna) een vrijstelling opleveren.

De voorwaarden waaronder dit mogelijk is, hangt af van de mate van bescherming van de soort. Hiertoe maakt het besluit een onderverdeling in drie typen beschermde soorten, namelijk:

1. soorten van de 1ste tabel;
2. soorten van de 2de tabel;
3. soorten van de 3de tabel.

We lichten deze even kort toe.

Soorten van de 1e tabel – Algemene soorten: algemene vrijstelling of ontheffing na lichte toets

Het betreft hier de algemene soorten. Voor deze soorten geldt de zwakste vorm van bescherming. Bij bestendig beheer en onderhoud, bestendig gebruik of ruimtelijke ontwikkeling en inrichting geldt een vrijstelling van de verbodsbepalingen van de Ffw. Als geen sprake is van *bestendig beheer en onderhoud, bestendig gebruik of ruimtelijke inrichting of ontwikkeling* (kortweg: BBR) zal er toch weer ontheffing aangevraagd moeten worden, maar de aanvraag wordt dan slechts onderworpen aan de zgn. lichte toets. Dat is een

[111] M.E.A. Broekmeyer, F.G.W.A. Ottburg, F.H. Kistenkas, *Flora- en faunawet. Toepassing van artikel 75 in de praktijk*, Alterra/Natuurplanbureau werkdocument 2003/14, Wageningen 2003.

enkelvoudige toetsing aan slechts één criterium: de werkzaamheden mogen het voortbestaan van de soort niet in gevaar brengen.

Soorten van de 2e tabel – Overige soorten: vrijstelling met gedragscode of ontheffing na lichte toets

Voor deze soorten geldt een zwaardere bescherming: er geldt alleen vrijstelling als sprake is van bestendig beheer en onderhoud, bestendig gebruik of ruimtelijke ontwikkeling en inrichting als er gehandeld gaat worden volgens een door LNV goedgekeurde gedragscode.

Is geen sprake van bestendig beheer en onderhoud, bestendig gebruik of ruimtelijke ontwikkeling en inrichting, dan moet toch weer een ontheffing worden aangevraagd die dan weer beoordeeld wordt op het enkelvoudige criterium van het niet in gevaar mogen brengen van het voortbestaan van de soort (zgn. lichte toets).

Soorten van de 3e tabel – Annex IV-soorten en AMvB-bijlage 1-soorten: vrijstelling met gedragscode of ontheffing na uitgebreide toets

Voor deze soorten van Annex IV uit de Habitatrichtlijn en daarmee middels een AMvB gelijkgestelde soorten (bijlage 1 van het Vrijstellingsbesluit: AMvB Stb. 501) geldt de zwaarste bescherming. Voor ruimtelijke ontwikkeling en inrichting zal ontheffing aangevraagd moeten worden en geldt de uitgebreide, drievoudige toets van gevaar voor voortbestaan van de soort (communautaire regelgeving spreekt in dit verband over gunstige staat van instandhouding: het zgn. gsi-criterium), alternatieventoets en limitatieve doelcriteria.

Voor bestendig beheer en onderhoud of bestendig gebruik kan een vrijstelling met gedragscode gelden of is ontheffing met uitgebreide toets nodig.

Voor *vogels* geldt met betrekking tot bestendig beheer en onderhoud, bestendig gebruik of ruimtelijke ontwikkeling en inrichting een vrijstelling als gehandeld wordt volgens een goedgekeurde gedragscode. Voor andersoortige activiteiten en/of als er geen gedragscode is, is een ontheffing nodig en geldt de uitgebreide (dus drievoudige en richtlijnconforme) toets.

Het is al met al een complex systeem, waarbij de ontheffingen in de praktijk doorgaans zonder veel problemen worden verleend. Alleen tabel 3-soorten en vogelsoorten genieten enige bescherming in verband met de zware toets. Er blijkt maar heel weinig buiten bestendig beheer en onderhoud, bestendig gebruik of ruimtelijke inrichting of ontwikkeling (in de wandeling meestal BBR genoemd) te vallen.

Met ingang van 1 april 2006 trad overigens nog wel het Besluit vrijstelling beschermde dier- en plantensoorten in werking. Dit besluit regelt welke soorten door grondgebruikers op hun grond bestreden mogen worden om schade aan gewassen, vee, bossen, visserij en wateren te voorkomen. Belangrijkste wijziging is dat de vos en de Canadese gans voortaan op de landelijke vrijstellingslijst staan. Naast deze landelijke lijst bestaat er ook een provinciale lijst, waaruit provincies kunnen kiezen voor welke soorten zij een vrijstelling willen laten gelden. De soorten mogen niet in hun voortbestaan worden bedreigd en er mag geen andere bevredigende oplossing bestaan (bijv. woelrat, fazant etc.).

Een meer mondiale soortenbescherming zou men overigens ook nog kunnen zien in het CITES-verdrag. In feite is dit een handelsverdrag inzake bedreigde dier- en plantensoorten. De EU heeft dit mondiale verdrag middels een EU-verordening in het Europese recht geïmplementeerd. Zo werd ooit een argeloze musicus veroordeeld omdat hij "een ivoren ring, zijnde een onderdeel van een muziekinstrument te Schiphol binnen het grondgebied van Nederland heeft gebracht" (Rb. Amsterdam 2 oktober 2008). Het betrof hier de ivoren topring van een fagot.

Apocrief is ook de aanhouding van een niets vermoedende Schotse doedelzakband op de boot-terminal in IJmuiden met op de tartan een traditionele *sporran* van zeehondenbont en op het klassieke instrument vier topringen (*ivory ring caps*): drie op de *drones* (de stokken van *African blackwood* met die karakteristieke bas en tenor-tonen) en één op de *chanter*, waar men de melodie op speelt.[112]

[112] F.H. Kistenkas, *CITES-verdrag*, Vakblad Natuur Bos Landschap 2009-3, p. 30.

5.10 Vergelijking Natura 2000 en EHS

Zowel Natura 2000 als de EHS kennen een nee, tenzij-afwegingskader. Wanneer we het wegingskader van Natura 2000 met dat van de EHS vergelijken dan vallen drie verschillen waar te nemen:[113]

1. Natura 2000 is *dwingender* dan de EHS
   Natura 2000 heeft een wettelijke status in de Nbw. De habitattoets is in rechte afdwingbaar en na-toetsbaar. Er is sprake van juridische sturing terwijl de EHS altijd afhankelijk was van getrapte planologische doorwerking via niet-afdwingbare ruimtelijke plannen zoals streekplannen. Dat zou trouwens met de nieuwe (2e tranche van de) AMvB Ruimte en de daarop te baseren getrapte PRVs kunnen veranderen. Daar waar de EHS traditioneel een nationaal planologisch concept is, is Natura 2000 dwingend Europees recht. Zelfs het HvJEG kan ingeschakeld worden.
2. Natura 2000 is *stricter* dan de EHS
   De (sub)criteria uit het *nee, tenzij*-regime zijn bij Natura 2000 veel strenger dan bij de EHS: er moet sprake zijn van *dwingende* redenen en *financiële* compensatie mag niet. Voorts betreft Natura 2000 ook *bestaand* gebruik en niet alleen nieuwe plannen of projecten. De te beschermen natuurwaarden van habitattypen en kwalificerende soorten zijn voor Natura 2000 exact en richtlijnconform omschreven. EHS-waarden zijn doorgaans ruimer en vager.
3. Natura 2000 is *smaller* dan de EHS
   De habitattoets van Natura 2000 betreft alleen significante effecten op limitatief omschreven instandhoudingsdoelstellingen van bepaalde nogal precies gedefinieerde habitatypen en soorten.

Zo gaat het bij de Veluwe (in jargon: SBZ nummer 57) over bijvoorbeeld habitattype H9190 (oude zuurminnende eikenbossen op zandvlakten), H9120 (Atlantische zuurminnende beukenbossen met taxus in de ondergroei) en H4030 (droge Europese heide). Bij de soorten gaat het bijvoorbeeld over A229 (IJsvogel) en H1083 (Vliegend Hert).
De EHS-waarden voor de Veluwe zijn veel breder, zoals: "... grote eenheden natuur en natuurbos en multifunctioneel bos, heide, vennen en stuifzanden en de daarbij behorende flora en fauna."

[113] W. Kuindersma, F.H. Kistenkas, R.C. van Apeldoorn, *De transformatie van Nederlands natuurbeleid door Europees recht*, Planbureaustudies nr. 8, Natuurplanbureau, Wageningen 2004.

Naast het wegingskader verschilt ook het beleidsdoel: Natura 2000 is gericht op natuur*bescherming*, terwijl de EHS ook en vaak vooral natuur*ontwikkeling* beoogt (denk bijvoorbeeld aan de robuuste ecologische verbindingszones). Europese en Nederlandse beleidsdoelen worden evenwel gewoon gestapeld, zoals we zagen[114].

Zowel de EHS als Natura 2000 kennen de toetsing als rechtsvindingsmethode (beiden hebben immers een nee, tenzij-toets). Er is intussen ook wel kritiek te uiten op deze toetsing aan vaste en statische instandhoudingsdoelstellingen (habitattoets) of wezenlijke kenmerken en waarden (EHS-toets). Door de klimaatverandering zou hier op den duur niet aan voldaan kunnen worden.[115]

Duurzame gebiedsontwikkeling zou in plaats van toetsing aan slechts eenzijdige ecologische criteria meer gebaat zijn bij een afweging van zowel economische, maatschappelijke en ecologische belangen en functies (triple P: profit, people, planet). De EU-Habitatrichtlijn schrijft echter expliciet een toetsing voor (habitattoets), maar wellicht kan via het hiërarchisch hogere EU-verdrag toch een weging in het vizier komen. In het Verdag betreffende de Europese Unie staat namelijk een duurzaamheidsbeginsel geformuleerd. Daarin gaat het om een balans tussen maatschappelijke, economische en ecologische belangen. Dit zou op een belangenafweging als nieuwe rechtsvindingsmethode kunnen wijzen.

In Hoofdstuk 1 hebben we gelezen dat verdragen de hoogste rechtsbronnen zijn (normenhiërarchie). Ze zijn hoger dan het secundaire EU-recht van richtlijnen en verordeningen. De EU-verdragen bevatten ook algemene rechtsbeginselen en beginselen van milieurecht die n.m.m. eveneens natuurbeschermingsrechtelijk van belang zouden kunnen zijn. Het bekende oude art. 2 EG-Verdrag bevatte reeds een duurzaamheidsbeginsel, waarbij zowel aan sociaal-economische belangen (people, profit) wordt gerefereerd als aan ecologische belangen. Art. 2 EG-Verdrag over duurzame ontwikkeling is sinds eind 2009 terug te vinden in art. 3 lid 3 VEU (Verdrag betreffende de Europese Unie). Een *three scale balancing* in het kader van het EU duurzaamheidsstreven zou wellicht op dit algemene EU-beginsel van duurzaamheid te gronden zijn. Ook de milieubeginselen uit art. 191 VWEU (waaronder het voorzorgsbe-

---

[114] *Ibidem.*

[115] Vgl. A. Trouwborst, *International nature conservation law and the adaptation of biodiversity to climate change: a mismatch?*, Journal of Environmental Law 2009-21, p. 419-442 en A. Cliquet, C. Backes, J. Harris, P. Howsam, P., *Adaptation to climate change. Legal challenges for protected areas*, Utrecht Law Review 2009-5, p. 158-175.

ginsel) kunnen van belang zijn voor rechterlijke (her)interpretatie en weging. In wezen is de nieuwe natuurjurisprudentie waarbij een hand-aan-de-kraan als Nbw-vergunningsvoorwaarde werd geaccepteerd voor een project met mogelijke gevolgen voor de ecologie op (een uitleg van) het voorzorgsbeginsel gegrond[116]. Hierdoor konden sociaal-economisch lucratieve doch ecologisch mogelijk invasieve projecten toch al dan niet gefaseerd doorgang vinden (ABRS 29 augustus 2007, 200606028/1 inz. Gaswinning Waddenzee). Er werd op deze wijze een balans tussen enerzijds sociaal-economische belangen en anderzijds ecologische belangen gevonden. Mutatis mutandis geldt dat wellicht ook voor effecten op vogels door windturbines in of nabij een Natura 2000-gebied (cf. ABRS 1 april 2009, 200801465/1/R2 inz. windmolens nabij de Wieden en Weerribben). Aldus kan een project (profit, people) toch doorgang vinden als tegelijkertijd ook iets substantieels voor de natuur (planet) wordt teruggedaan.[117]

De nationale Natuurbeschermingswet (Nbw) en de habitattoets daarin, kunnen in verband met de normenhiërarchie dus rechterlijk getoetst worden aan (en zijn hiërarchisch lager dan) de EU-richtlijnen zoals de Habitatrichtlijn (Hrl), maar de Hrl met zijn sterk dogmatische benadering zou op zijn beurt ook weer getoetst kunnen worden aan of althans gelezen kunnen worden in het licht van het Europese verdragenrecht dat meer op weging ziet (*3P balancing* op basis van het duurzaamheidsbeginsel ex art. 3 lid 3 VEU) en ook het voorzorgsbeginsel, klimaat en het beginsel van regionale diversiteit naar voren schuift (in de "milieutitel" van art. 191 VWEU). De uiteindelijke vergunningverlening zou dus ook rekening moeten (kunnen) houden met hogere rechtsbronnen als de EU verdragen en de beginselen daarin.

De duurzaamheidsweging van art. 3 VEU is immers hiërarchisch hoger dan de toetsingsdogmatiek van art. 6 Hrl jo art. 19d e.v. Nbw. Zie eerder in Hoofdstuk 1. De instandhoudingsdoelstellingen en vastgestelde natuurwaarden blijven dan relevant, maar zullen bij weging als ecologische belangen fungeren. Het

[116] F.H. Kistenkas en M.E.A. Broekmeyer, *Gaswinning Waddenzee. Hand aan de kraan of voet op de rem?*, Nederlands Juristenblad 2007-37, p. 2376 en P. Opdam, M.E.A. Broekmeyer, F.H. Kistenkas, *Identifying uncertainties in judging the significance of human impacts on Natura 2000 sites*, Environmental Science & Policy 2009-12, p. 912-921.

[117] F.H. Kistenkas, *Natuur en duurzame energieproductie. Windturbines in natuurgebieden*, Sdu-wetgevingscommentaar Flora- en Faunawet F05, band 6, thema 8.8 (aanv. 41; maart 2010), Den Haag 2010, p. 1-12. Voorts: J.E. Winkelman, F.H. Kistenkas, M.J. Epe, *Ecologische en natuurbeschermingsrechtelijke aspecten van windturbines op land*, Alterra rapport, Wageningen 2008, p. 113-117 en F.H. Kistenkas, *Recht voor de groene ruimte*, Wageningen Academic Publishers, Wageningen 2008, p. 73 e.v.

> duurzaamheidsprincipe en wegingsgebod van art. 3 VEU heeft dan als het ware herinterpreterende werking over de habitattoets van art. 6 Hrl en art. 19d e.v. Nbw. Concrete weging kan een andere uitkomst geven dan toetsing. Bij duurzame gebiedsontwikkeling gaat het om het eerste: een *3P balancing*. De relevante tekstgedeelten van art. 3 VEU en art. 191 VWEU (de milieutitel) zijn achterin dit boek opgenomen in Bijlage V.

Ook anderen [118] bepleiten overigens een nieuwe benadering en een fundamentele verandering van de natuurwetgeving met name in verband met de klimaatverandering (Box 15). Volgens hen zou een kaderrichtlijn voor natuur (zij noemen dit een Ecosystem Framework Directive) overwogen moeten worden. De Habitatrichtlijn (de habitattoets incluis) en de Vogelrichtlijn zouden daarmee dus "degraderen" tot dochterrichtlijnen onder deze kaderrichtlijn voor natuur.

Box 15. Klimaatrecht.

In Nederland bestaat het klimaatrecht nog niet als een zelfstandig rechtsgebied, maar in Australië is dat al een paar jaar wèl het geval. Vooral in de deelstaten Victoria en New South Wales is er sinds 2007 al veel jurisprudentie, zijn er zelfs al fraaie juridische handboeken geschreven en wordt het vak al gegeven aan de juridische faculteiten.
Omdat de twee grote politieke partijen in Australië (net als in Engeland: Labour en conservatieven) beiden geen wettelijke maatregelen wilden nemen, is de rechter, als een soort wetgever-plaatsvervanger, het daar maar zelf gaan doen. Sinds 2007 is er een eigen klimaatjurisprudentie die er niet om liegt: er geldt gewoon een vooronderstelling van voorrang voor duurzame energieproductie zoals bijvoorbeeld *windfarming*. Zo kunnen windturbines voorrang hebben boven natuur- en landschapswaarden.
Windmolenparken kunnen zo in eucalyptusbossen of andere natuurgebieden worden geplaatst, want het tegengaan van *global warming* is een *global interest* en natuur en landschap is in de regel slechts een lokaal belang en dus minder zwaarwegend dan een mondiaal belang. Betekent dat dan dat je ook plekjes als Ayers Rock of Great Barrier Reef kunt gaan volzetten met windmolens? Neen, er vindt altijd een afweging van belangen plaats en zogenoemde *iconic nature*, dus zeer bijzondere natuur, is ook weer van mondiaal belang en kan dat andere mondiale belang van duurzame

[118] A. Cliquet, C. Backes, J. Harris, P. Howsam, *Adaptation to climate change. Legal challenges for protected areas*, Utrecht Law Review 2009-5, p. 158-175.

energieproductie weer wegwegen. Windmolens tussen gewone *poplar trees* of *eucalypt forest* is daarentegen geen probleem, weten we sinds de Taralga-zaak, de algemeen erkende voorbeeld-uitspraak van het hof van New South Wales uit 2007.

Aan de hand van het eerste in de Angelsaksische wereld nogal baanbrekende leerboek over klimaatrecht van Tim Bonyhady en Peter Christoff[1], is het interessant om eens te filosoferen hoe zo'n Taralga-benadering in Nederland zou kunnen uitpakken. Zullen er ook in de Waddenzee windmolens komen? Wordt de Veluwe vol gezet met superhoge windturbines? De Waddenzee is natuurlijk zo'n typisch geval van iconische natuur waar juist die voorrang voor duurzame energieproductie niet zomaar zal gelden. De Veluwe met zijn Europese instandhoudingsdoelstellingen wordt ook nog een lastige rechtsvraag, maar gewoon productiebos met de nieuwste generatie extra hoge turbines...? Mogelijk zouden we in dat soort bossen aan *forest windfarming* (Figuur 8) kunnen gaan doen.

Figuur 8. Forest windfarming.

De les van de Australische rechtsliteratuur is dat zo'n gewone houtakker zich wellicht bij uitstek ook leent voor duurzame energieproductie. In de suburbs van Sydney heeft iedereen last van eventuele windmolenparken: zicht-, licht- en geluidshinder. Hoog boven de bomen ligt dat daarentegen vaak anders. Natuurlijk moet er streng gemonitord worden (ook in Australië geldt: hand aan de kraan!), vooral op *bird and bat strike*, maar een extra beschermende (dubbel)bestemming van duurzame energieproductie kan de natuur misschien ook wel ten goede komen, zowel op land als op zee...

[1] T. Boynyhady, P. Christhoff, *Climate law in Australia*, The Federation Press, Sydney 2007.

Een voorbeeld waarbij toetsing aan statische criteria plaatsmaakt voor weging van belangen is intussen al te vinden. Dit houdt verband met de haastige invoering van de Crisis- en herstelwet (Chw) in 2010.

> Als gevolg van de Crisis- en herstelwet (Chw) uit 2010 worden in een nieuw art. 19ib Nbw de zogenoemde "oude doelen" (i.e. de natuurdoelen die golden voor de oude natuurmonumenten en zijn meegenomen bij de instandhoudingsdoelstellingen voor het Natura 2000-gebied) uit de habitattoets gehaald. Dat is niet in strijd met het Europees natuurbeschermingsrecht want de oude doelen waren geen Europese doelen doch "slechts" nationale doelen die ooit als extraatje bovenop de Europees verplichte instandhoudingsdoelen kwamen. Men moet daarbij denken aan waarden als "openheid" en "rust". Ook het nabij het circuit gelegen Natura 2000-gebied (het Witterveld) kende zo'n uit het oude regime overgenomen instandhoudingsdoel: "de voor de fauna noodzakelijke rust". Aanvankelijk werd hier de habitattoets op losgelaten en leken de motorsportevenementen bezwaarlijk hieraan te kunnen voldoen. In maart 2010 trad evenwel de Chw in werking en konden de oude doelen uit het regime van de habitattoets gelicht worden en werd de weging van art. 16 Nbw weer mogelijk.

In plaats van enkel ecologische toetsing (art. 19d e.v. Nbw) kon de provincie Drenthe als bevoegd gezag daardoor ook sociale en economische belangen mee laten wegen (art. 16 Nbw). In de Nbw-vergunning van 4 mei 2010 wordt er op gewezen dat art. 16 Nbw de ruimte biedt "om bij vergunningverlening niet alleen rekening te houden met de bescherming van de natuurwaarden, maar economische, sociale en culturele belangen bij de belangenafweging te betrekken". Het oude instandhoudingsdoel "de voor de fauna noodzakelijke rust" werd na het van kracht worden van de Chw een belang dat "gelijkwaardig aan de andere belangen [dient] te worden gewogen".[119] Een instandhoudingsdoel doel werd daarmee dus een belang.

Bij de verlening van deze Nbw-vergunning werd o.a. meegewogen dat het TT Circuit grote toeristische en recreatieve waarde heeft "voor de provincie Drenthe en de wijde omgeving" en wordt gewezen op "belangen voor de sport" en de grote uitstraling en promotionele waarde voor provincie, Assen en Nederland als geheel. Voor de natuur waren al extra geluidswallen en struwelen aangelegd, waren parkeerplaatsen al teruggegeven aan de natuur,

[119] Vgl. Nbw-vergunning ex art. 16 juncto 19ia Nbw (*vergunningnr. 5.1/2010003932*) van GS Drenthe aan het bestuur van de Stichting Circuit van Drenthe van 4 mei 2010, terug te vinden op www.drenthe.nl.

was er een monitoringsprotocol (hand-aan-de-kraan) en konden eventueel maximumplafonds aan bezoekersaantallen en decibels worden afgekondigd. In de Nbw-vergunning vond met andere woorden een 3P-weging plaats. Niet art. 6 Hrl jo art. 19d Nbw was nog langer van toepassing, maar enkel het nationale recht. Een art. 16 Nbw-weging werd zo dus mogelijk. De motorsportevenementen konden vervolgens onder voorwaarden alsnog doorgaan.

Er is overigens ook al een recent voorbeeld van weging in plaats van toetsing op zee. Voor bodemberoerende visserij in Natura 2000-gebieden gelegen in de territoriale zee werd in december 2011 het VIBEG-akkoord gesloten. Daarbij werd niet-duurzame visserij tot 2016 uitgefaseerd. Zie verder in het volgende hoofdstuk.

6. De Noordzee

6.1 Meervoudig ruimtegebruik op de Noordzee

We willen op de Noordzee zowel commerciële visserij, zeevaart, energieproductie, delfstoffenwinning als natuurbescherming. We dreigen daarbij dezelfde fouten te maken als op het land door uit te gaan van een ruimtelijke ordening van gebieden met een rigide en enkelvoudige bestemming. Je krijgt zo een planologische apartheid van gebiedjes voor visserij, voor scheepvaart, voor windparken, voor boorplatforms en voor natuur. Aan meervoudige bestemming wordt daarbij niet gedacht en aldus ontstaat, met dank ook aan Europese regelgeving, een soort uitsluitingsplanologie van ruimtelijke monocultures. De recente casus van de Noordzee-visserij in Natura 2000-gebieden toont echter aan dat het ook heel goed anders kan.

6.2 Contrapunt visserij en natuur

Op de Noordzee wordt gevist onder het zogenoemde Gemeenschappelijk visserijbeleid (GVB) van de Europese Unie.[120] Dit GVB wordt gereguleerd door en aantal EU-verordeningen, waarvan de Basisverordening Visserij 2371/2002 de belangrijkste is. Op de Noordzee worden ook Natura 2000-gebieden aangewezen en beschermd. Ook dat wordt gereguleerd door de Europese Unie. Hier spelen een aantal EU-richtlijnen een rol. De belangrijkste zijn de Kaderrichtlijn Mariene Strategie (KRM) en de Habitat- en Vogelrichtlijn (HVR). Visserijbeleid en natuurbeleid kunnen gemakkelijk met elkaar in aanvaring geraken. Zo kan de bodem onherstelbaar omgewoeld worden door de boomkorvisserij of er treedtoverbevissing op of bijvangst en mortaliteit van bijvoorbeeld de bruinvis of een zeldzame roggensoort. De visserijverordeningen en de natuurrichtlijnen zijn echter nog gescheiden werelden met geen of weinig afstemming.

Visserij en natuur botsen op de Noordzee voortdurend met elkaar; zowel beleidsmatig als juridisch (rechtscollisie). Er kan zo langzamerhand een vergelijking gemaakt worden met de situatie op land; daar botsen ook het Brusselse

[120] Zie over de bestuurskundige ontwikkelingen binnen deze *Common Fisheries Policy* (CFP) nader: J.P.M. van Tatenhove, *The tide is turning: the rise of legitimate EU marine governance*, Inauguratie, Wageningen 2012, p. 17 e.v.

Gemeenschappelijk Landbouwbeleid (GLB) en het Europese natuurbeleid regelmatig met elkaar.[121]

Het Europese recht lost die beleidsbotsing intussen niet op. Er is hier geen goede afstemming tussen de Europese regels onderling en er is helaas ook geen rangorde tussen verordening en richtlijn. Er is dus sprake van een juridische contrapunt tussen visserij en natuur of, in EU-rechtelijke terminologie, het GVB en de HVR

6.3 Rechtsregime op de Noordzee

Het rechtsregime op de Noordzee wordt gekenmerkt door een complexiteit aan mondiale en regionale verdragen, Europese richtlijnen en verordeningen en ook nog eens een veelheid aan nationale wetgeving. Deze regels houden doorgaans niet of zeer weinig rekening met elkaar. Afstemming tussen het natuurbeschermingsrecht en visserijrecht is in de rechtsliteratuur al als uiterst gebrekkig en onduidelijk gekenschetst; zowel op Europees als nationaal niveau.[122]

Met de normenhiërarchie komt men hier ook niet veel verder. Zo is er bijvoorbeeld geen juridische rangorde tussen de visserijverordeningen en de Habitat- en Vogelrichtlijn. Een EU-verordening is op zichzelf niet hoger dan een EU-richtlijn. Bij botsing tussen deze twee EU-wetgevingshandelingen zouden dus andersoortige conflictregels in concreto het conflict moeten oplossen; bijvoorbeeld de *lex posterior*-regel (een latere wet gaat boven een eerdere) of de *lex specialis*-regel (een specifiekere wet gaat boven een algemenere). Dat is in casu nog niet zo gemakkelijk.[123] De Basisverordening Visserij is weliswaar van 2002, dus van latere datum dan de Habitatrichtlijn uit 1992, maar de Vogelrichtlijn is in 2009 nog opnieuw gecodificeerd. Bovendien zijn er meerdere visserijverordeningen van verschillende data. Ook is niet duidelijk welke regeling nu specifieker is; de natuurrichtlijn(en) of de visserijverordening(en).

---

[121] F.H. Kistenkas, C.M.L. Hermans, A.M. van Doorn, *Het Europees landschapsbeleid*, Openbaar Bestuur 2009-5, p. 6-10.

[122] H.M. Dotinga, A. Trouwborst, *Juridische bescherming van biodiversiteit in de Noordzee*, NILOS Utrecht 2008.

[123] Vgl. VMR, *Het dilemma van de Noordzee: intensief gebruik én het grootste natuurgebied van Nederland*, Boom, Den Haag 2010, p. 57 waar wordt gesproken van 'de beruchte paradox waarbij lidstaten iets moeten op grond van de ene Europese regel, maar dat wellicht niet mogen op grond van de andere Europese regel'.

Een verdrag staat in de normenhiërarchie hoger dan een EU-verordening of EU-richtlijn. Het *Verdrag inzake de bescherming van het mariene milieu in het noordoostelijk deel van de Atlantische Oceaan*, naar zijn voorlopers ook wel het *OSPAR-verdrag* genoemd (Verdragen van Oslo en Parijs), is een regionaal zeeverdrag dat een op het ecosysteem gerichte bescherming van de Noordzeenatuur voorstaat. Juridisch is dit OSPAR-verdrag dus hoger dan een visserijverordening of een Europese richtlijn. In 2012 zou er ingevolge dit verdrag een ecologisch coherent netwerk van beschermde gebieden (MPAs, *marine protected areas*) moeten zijn die in 2016 goed beheerd moeten zijn.

Tot nog toe zijn evenwel alleen Natura 2000-(zee)gebieden bij het OSPAR-secretariaat aangemeld als OSPAR-MPA. Nederland heeft bij deze gelegenheid niet extra habitats en soorten (bijvoorbeeld een commerciële soort als de kabeljauw), die wel op de OSPAR-lijst staan maar niet onder de Habitatrichtlijn vallen, beschermd. Van de OSPAR-meerwaarde werd dus geen gebruik gemaakt. Overbevissing, bodemberoering en in wezen dus ook het GVB kwamen internationaal (verdrag) en ook regionaal (kaderrichtlijn) de laatste tijd dus steeds meer onder druk te staan.

Natura 2000-SBZs en OSPAR-MPAs vallen dus simpelweg samen. Men kan dit minimalistisch noemen, maar feit is intussen wel dat deze gebieden nu ook verdragsrechtelijk beschermd zijn en juridisch dus (de EU-verordeningen van) het GVB zouden kunnen overrulen. Bovendien was inmiddels ook de *Kaderrichtlijn Mariene Strategie* (KRM) van de EU van kracht die in art. 13 lid 4 KRM "ruimtelijke beschermingsmaatregelen" voor beschermde mariene gebieden eist ("waarbij diversiteit van de samenstellende ecosystemen adequaat is gedekt"). Het artikel noemt vervolgens de Natura 2000-SBZs en OSPAR-MPAs als voorbeelden van deze ruimtelijke beschermingsmaatregelen.

Overigens zijn er nog veel meer verdragen van toepassing op de Noordzee. Naast het algemene Zeerechtverdrag van de Verenigde Naties (UNCLOS, zie verderop onder 5.5) kunnen nog genoemd worden: Biodiversiteitsverdrag 1992, Ramsar-verdrag 1972, Verdrag van Bonn 1979, Werelderfgoedverdrag 1972 en voorts nog verdragen als het ASCOBANS-verdrag 1992 inzake kleine walvisachtigen, AEWA-verdrag 1996 inzake trekkende watervogels en het Waddenzee-zeehondenverdrag 1990.

6.4 Mariene Natura 2000-gebieden

Natura 2000-gebieden (SBZs) vinden we niet alleen op land maar ook op zee: er is dus zowel een terrestrische Natura 2000 als een aquatische. Zo zijn er reeds aangewezen Noordzee-gebieden (Voordelta en Noordzeekustzone) als nog aan te wijzen Noordzee-gebieden (Vlakte van Raan, Klaverbank, Friese Front, Doggersbank en de uitbreiding van de Noordzeekustzone, zie Figuur 9).

De Klaverbank is het enige gebied in Nederland waar op zeer grote schaal grote stenen en grind aan het oppervlak liggen. Daarop groeien specifieke vormen van zeewier (kalkroodwieren). Voorts bevindt zich er een diepe geul, de Botney Cut. Hier zijn in de zomer bruinvissen, dwergvinvissen en witsnuitdolfijnen te vinden. Het gebied kwalificeert daarom Europees voor *habitattype 1170* (riffen van open zee) en voorts voor de bruinvis en de gewone en grijze zeehond.

De Doggersbank (genoemd naar het oud-Nederlandse woord voor kabeljauw) en de Vlakte van Raan en de (uitbreiding) Noordzeekustzone kwalificeren zich voor *habitattype 1110* (ondergelopen zandbanken). Voor de overige beschermde Noordzee-gebieden zijn alleen soorten gekwalificeerd.

Nederland heeft, net als trouwens de omringende EU- lidstaten, de Natura 2000-gebieden laten samenvallen met gebieden op basis van het OSPAR-verdrag (*marine protected areas*; zogenoemde OSPAR-MPAs). De OSPAR-zeegebieden zijn zo tegelijkertijd ook Natura 2000-gebieden. Van de extra (beschermings)mogelijkheden van het OSPAR-verdrag heeft Nederland geen gebruik gemaakt. Hierop is vanuit de rechtsliteratuur veel kritiek: vgl. de 110e ledenvergadering van de Vereniging voor Milieurecht (VMR), *Het dilemma van de Noordzee: intensief gebruik én het grootste natuurgebied van Nederland*, VMR 2011-1.

6.5 Juridische zonering van de zee

Alle gebieden bevinden zich binnen de zogenoemde Exclusieve Economische Zone (EEZ). Alleen over de Territoriale Zee van 12 nm (nautische mijlen) aansluitend op de basislijn van de kust en de op de territoriale zee aansluitende Nederlandse EEZ heeft Nederland rechtsmacht. In het internationale zeerecht (het VN Zeerechtverdrag, beter bekend als UNCLOS: United Nations Convention on the Law of the Seas) onderscheidt men voorts als derde vervolgzone nog de Volle Zee, maar de relatief kleine Noordzee kent

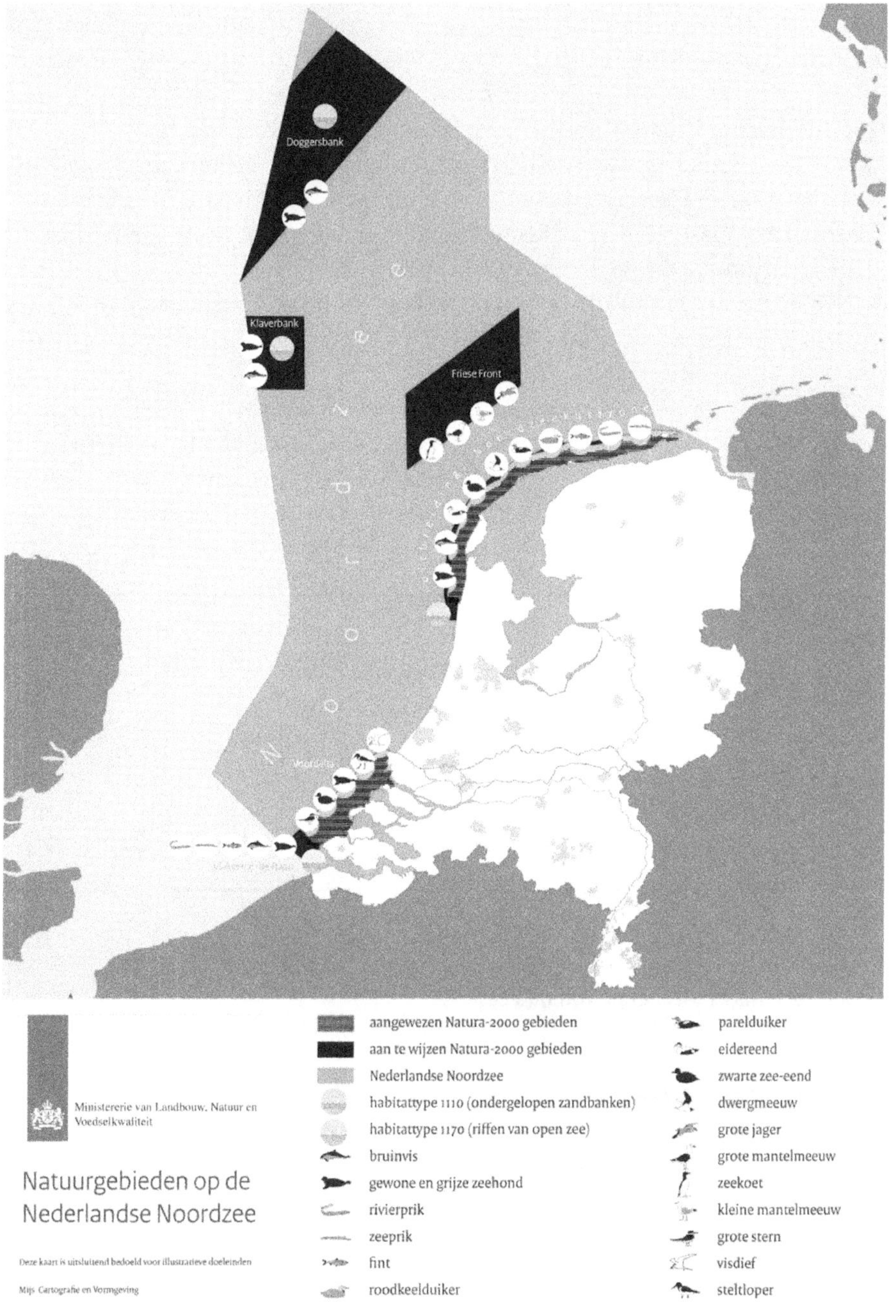

Figuur 9. Natuurgebieden op de Nederlandse Noordzee.

geen Volle Zee-gebieden. De Volle Zee valt buiten de nationale rechtsmacht van de kuststaten (Figuur 10).[124]

Het onderscheid tussen de territoriale zee en de EEZ speelt ook een rol bij het GVB; zo is het bijvoorbeeld gemakkelijker om in de territoriale zee als kuststaat allerlei visserijverboden af te kondigen. Volgens art. 9 van de Basisverordening Visserij is een lidstaat zonder meer bevoegd om maatregelen te nemen om "het effect van visserij op de instandhouding van mariene ecosystemen tot een minimum te beperken". In de EEZ ligt dat zeerechtelijk ingewikkelder.

Kort gezegd komt het erop neer dat alleen in de territoriale zee Nederland zelf zijn wetten kan bepalen en rechtsbevoegd is. In de EEZ zijn minder bevoegdheden voor de kuststaat Nederland. Overigens wordt ook nog wel de term *Nederlands Continentaal Plat* (NCP) gebruikt voor de bodem van de EEZ.

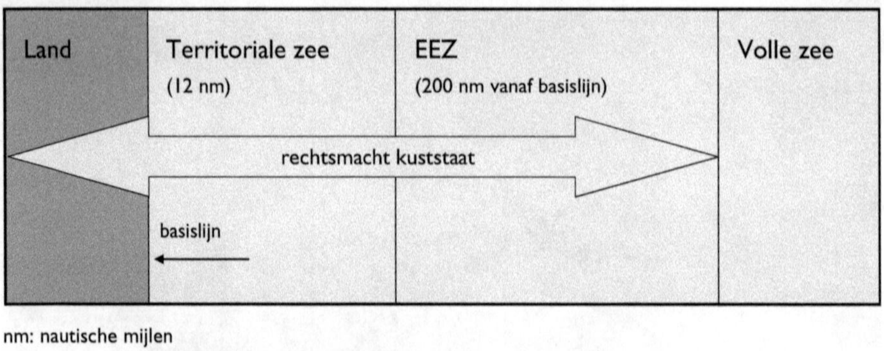

Figuur 10. Juridische zonering van de zee.

6.6 VIBEG-akkoord

"Waarom is zware boomkorvisserij in Natura 2000-gebieden op de Noordzee toegestaan, terwijl dit hetzelfde vernietigende effect heeft als het omploegen van de Veluwe?", zo luidde nog in 2010 een cri de couer bij een juristen-

[124] Zie daarover nader: H.M. Dotinga, A. Trouwborst, *Juridische bescherming van biodiversiteit in de Noordzee*, Centrum voor Omgevingsrecht en -beleid/NILOS, M. Walraven, Utrecht 2008, p. 9 e.v.

symposium van de Vereniging voor Milieurecht (VMR). [125] Eigenlijk zouden de vissers hier de habitattoets en de soortentoets moeten doorlopen en vergunning of ontheffing moeten aanvragen. Mogelijk heeft het bestaan van het OSPAR-verdrag alsmede wellicht ook de kaderrichtlijn er mede voor gezorgd dat er eind 2011 een akkoord met de visserijsector werd gesloten waarbij de bodemomwoelende boomkorvisserij in twee Natura 2000-(zee) gebieden aan banden werd gelegd.

Het VIBEG-akkoord (VIBEG staat voor: visserij in beschermde gebieden) werd in december 2011 gesloten tussen ministerie (EL&I), visserijsector en natuurbeschermingsorganisaties en verbiedt bodemomwoelende boomkorvisserij in een kwart van twee Natura 2000-gebieden.[126] In 2014 wordt het verbod uitgebreid tot bijna de helft van het gebied en in 2016 geldt in beide gebieden een totaalverbod voor de boomkor. Als tegenprestatie beloven de natuurorganisaties de komende jaren niet naar de rechter te stappen, zodat de sector de kans krijgt om nieuwe, duurzamere vistechnieken in te voeren. Het akkoord geldt alleen nog voor de Noordzeekustzone en de Vlakte van de Raan (voor de kust van Zeeland). Dit zijn twee gebieden in de territoriale zee (12 mijlszone) en daar kon de Nederlandse regering zelf reeds beslissen over toegangsbeperkingen zonder overeenstemming met andere visserijlanden zoals verderop in de EEZ.[127]

Men zou wellicht kunnen verdedigen dat de methode van een belangenafweging en het optekenen daarvan in een akkoord in wezen het failliet van de methode van de eenzijdige habitattoets aangeeft. De habitattoets leidde tot het jarenlang gedogen van de significante effecten van de boomkorvisserij, maar dreigde ook het gebied op slot te gooien en leek ook een *terme de grace* terwille van verduurzaming van de visserij in de weg te staan. Het VIBEG-akkoord lost dat op, daar waar de habitattoets leek te falen, zo zou men kunnen zeggen. De habitattoets bleek althans lange tijd duurzame functiecombinaties in de weg te staan.

---

[125] A.H. Jonkhoff, *Omploegen van Natura 2000-gebieden op de Noordzee is toegestaan*, VMR 2011-1, p. 71.

[126] VIBEG-akkoord, *Vissen binnen de grenzen van Natura 2000*, Den Haag 2011 te vinden op www.rijksoverheid.nl/ministeries/eleni/nieuws/2011/12/13. Daarover: F.H. Kistenkas, *Noordzeerecht*, Vakblad Natuur Bos Landschap 2012-2, p. 36.

[127] Vgl. ook H.M. Dotinga, *Gebiedsbescherming in de Noordzee - de betekenis en beperkingen van het natuurbeschermingsrecht*, VMR 2011-1, p. 31.

6.7 Duurzame functiecombinaties

Wat het VIBEG-akkoord in elk geval duidelijk maakt is dat zeevisserij en natuur ook binnen een gebied gecombineerd kunnen worden. De habitattoets blokkeerde dat, maar deze blokkade kan dus gepasseerd worden door een belangenafweging *a la* VIBEG. Het halen van de Europese instandhoudingsdoelstellingen wordt weliswaar vijf jaar uitgesteld, maar het wordt tegelijkertijd ook dichterbij gehaald door de sector een verduurzamingsslag te laten maken.

In wezen worden in deze VIBEG-casus ecosysteemdiensten (ESDs) in balans gebracht. Productiediensten (i.c. duurzame visserij) worden afgewogen tegen regulerende en ondersteunende diensten (zoals i.c. biodiversiteit, bodemvorming etc.). Zo'n ESD-balans zou onder het rigide regime van de habitattoetsing schier onmogelijk zijn geweest.

Duurzame visserij werd door het VIBEG-akkoord eindelijk reëel gemaakt en de andere diensten werden niet weggewogen. Via dit VIBEG-proces bereikten alle betrokkenen een compromis waarbij duurzame gebiedsontwikkeling via een triple P (planet, profit, people)-weging centraal werd gesteld. In deze casus speelden vooral productie- en ondersteunende cq. regulerende diensten, dus vooral planet en profit. Aldus beschouwd kan de VIBEG-casus wellicht dienen als een van de eerste voorbeelden van een ESD-balans als plechtanker voor een totaal nieuw omgevingsrecht en -beleid.[128]

Een vergelijking met een eveneens recente casus op land dient zich nu aan: ook bij de TT-races nabij Natura 2000-gebied Witterveld werd door het bevoegd gezag (i.c. de provincie Drenthe) uiteindelijk in 2010 niet de habitattoets gevolgd (met als vrijwel zekere consequentie het op slot gaan van het gebied voor zowel races als natuurontwikkeling), maar werd een afweging als rechtsvindingsmethodiek gevolgd met als gevolg dat er een voor alle betrokkenen aanvaardbare balans van ecologische, maatschappelijke en economische belangen werd bereikt.[129]

---

[128] Th.C.P. Melman, C.M. van der Heide, L.C. Braat, H.A. Udo de Haes, *Ecosysteemdiensten: nieuw anker voor omgevingsbeleid?*, Landschap 2010-4, p. 209-219 en F.H. Kistenkas, *Van toetsing naar weging? Duurzame gebiedsontwikkeling en natuurwetgeving*, Landschap 2011-1, p. 17-24.

[129] Vgl. de Nbw-vergunning van GS Drenthe aan het bestuur van de Stg. Circuit van Drenthe van 4 mei 2010 (nr. 5.1/2010003932), www.drenthe.nl. Zie ook: F.H. Kistenkas, *Van toetsing naar weging? Duurzame gebiedsontwikkeling en natuurwetgeving*, Landschap 2011-1, p. 17-24.

Natuur kun je zowel beschermen als tegelijkertijd ook gebruiken en beleven. Eigenlijk geeft de term natuurbeschermingsrecht blijk van een te beperkte rechtsvisie. Het natuurbeschermingsrecht zou zich moeten omvormen naar ook natuurbelevingsrecht en natuurgebruiksrecht. Daartoe zouden we ons minder moeten blindstaren op de traditiegetrouw in dit rechtsdomein overheersende toetsingsmethodiek en meer weging moeten toelaten om aldus duurzame gebiedsontwikkeling te komen. Anders dan bij toetsing zouden dan ook ecosysteemdiensten of landschapsdiensten[130] bij deze duurzaamheidsweging een rol kunnen spelen. Als naast ecologische aspecten zo ook maatschappelijke en economische aspecten een rol mogen spelen, dan wordt het ook mogelijk om duurzame functiecombinaties toe te laten. Er vindt dan als vanzelf een shift plaats van uitsluitingsplanologie (planologische "apartheid") naar combinatieplanologie.

Een ander recent voorbeeld van een succesvolle functiecombinatie op zee zou de dubbelbestemming van duurzame energieproductie en natuur kunnen zijn. Een windpark op zee zou tegelijk met energieproductie (productiedienst als ecosysteemdienst) als een *de facto*-natuurbeschermingsgebied kunnen worden gezien. Lindeboom[131] wijst in zijn windmolenstudie uit 2011 op diverse gunstige combinatie-effecten van *sea windfarming*: habitatverrijking, natuurherstel, refugium-werking (vluchtplaats voor bijvoorbeeld een commerciële vissoort als de kabeljauw) en een relatieve oase van rust in onze drukke Noordzee. Zijn conclusie is dat een windpark op de Noordzee per saldo gunstig voor de fauna is. Duurzame energieproductie en natuur zouden elkaar dus kunnen versterken, mogelijk ook in (bos)natuur op land (*forest windfarming*).[132]

We zijn zowel op land als op zee echter traditioneel niet zo sterk in planologische functiecombinaties: visserijgebieden zijn er in onze perceptie uitsluitend voor de visserij, Natura 2000-gebieden zijn er in onze perceptie uitsluitend voor de natuur, vaarwegen uitsluitend voor de scheepvaart, windturbineparken uitsluitend voor de energieproductie etc. Uitsluitingsplanologie wordt in de hand gewerkt door eenzijdige toetsingsvormen als de habitattoets, soortentoets, EHS-toets: deze zijn immers uitsluitend op ecologie gericht. Er zijn ook eenzijdige toetsingsvormen die uitsluitend

---

[130] *Cf.* P. Opdam, *Het landschap opnieuw uitvinden*, Vakblad Natuur Bos Landschap 2011-9, p. 39-41.

[131] H.J. Lindeboom, *Short-term ecological effects of an offshore wind farm in the Dutch coastal zone; a compilation*, Environmental Research Letters 2011-6, p. 1-6.

[132] F.H. Kistenkas, G. Aarts, M.T.H. de Gaay Fortman, *Windenergie en duurzaamheid*, Openbaar Bestuur 2011-11, p. 22-23; PBL, *Natuurverkenning 2010-2040. Visies op de ontwikkeling van natuur en landschap*, Den Haag 2012, p. 127 e.v.

op de economie zijn gericht, zoals het *gebiedsontwikkelingsplan* (GOP) uit de Crisis- en herstelwet: milieunormen zijn in GOP-gebieden per definitie ondergeschikt aan economische groei. Hetzelfde zou men kunnen zeggen van de uitstel die varkenshouders krijgen bij het behalen van milieunormen via de *Programmatische Aanpak Stikstofdepositie* (PAS). Ook hier prevaleert per definitie *profit* en wordt *planet* even "kaltgestelt".

Bij nieuwe omgevingswetgeving zoals straks bij de *Raamwet Omgevingsrecht* zou men kunnen breken met deze eenzijdige toetsingsmethodieken en voor een triple P-balans kunnen kiezen. Het gaat om een balans, niet om een toets aan rigide en eenzijdige criteria. Reeds in 2002 werd er al in de algemene rechtstheoretische literatuur op gewezen dat het postmoderne recht gekenmerkt zal worden door weging als rechtsvindingsmethodiek en steeds minder door de dogmatische methode van toetsing aan eenzijdige criteria.[133]

De vraag is of we uit kunnen blijven gaan van gefixeerde normering. Wellicht zal gezocht moeten worden naar meer flexibele normering; eerder voorwaardenschappende dan voorwaardenstellende regelgeving derhalve. Hajer[134] spreekt van een meer dynamisch systeem van normering om als overheid de energieke samenleving beter te kunnen benutten.

> Wat we evenwel thans zien is dat nieuwe omgevingswetten nog steeds uit blijven gaan van toetsing. De *AMvB Ruimte* (Besluit algemene regels omgevingsrecht, Barro) vermeerdert zelfs het aantal toetsen. Zo komt er een nieuwe extra *nee, tenzij*-toets voor de Waddenzee bij. Hetzelfde geldt voor het IJsselmeer en voor het kustfundament en de AMvB bevestigt deze voor de EHS. Voorts komen er *ja, mits*-toetsingen voor werelderfgoederen en Nationale Landschappen. Ook het ontwerp-*Wet Natuur* gaat weer ouderwets uit van toetsingen voor bos, Natura 2000 en soorten en het wetsontwerp voor het permanent maken van de Crisis- en herstelwet handhaaft de eenzijdig economische toetsing voor GOP-gebieden.

Er is wel veel nieuwe groenblauwe (ontwerp-)wetgeving, maar er is geen vernieuwing van de rechtsregimes. Deze zullen weer verdere eenzijdige bestemmingen *a l'ancienne* in de hand werken.

---

133 N. de Sadeleer, *Environmental principles*, Oxford University Press, Oxford 2002, p. 289-303.

134 M. Hajer, *De energieke samenleving. Op zoek naar een sturingsfilosofie voor een schone economie*, PBL Den Haag 2011, p. 58.

Ondanks de enorme legislatieve proliferatie van de laatste jaren blijft echt rechtswetenschappelijk innovatief denken dus uit, terwijl de bestuurspraktijk juist al experimenteert of wil aansturen op steeds meer nieuwe functiecombinaties. Het VIBEG-akkoord is daar een prachtig voorbeeld van. Misschien is het VIBEG-akkoord niet alleen een voorbeeld van nieuwe mariene planologie, maar ook van nieuwe (of postmoderne) planologie op land.

6.8 Noordzee: grootste natuurgebied van Nederland

De Noordzee wordt intensief gebruikt, maar is ook het grootste natuurgebied van Nederland.

> Naast internationaal recht (met gebieden zoals OSPAR MPAs) en Europees recht (met Natura 2000-gebieden) is ook nog nationaal recht van kracht. Het hele Nederlandse deel van de Noordzee, dus territoriale zee en EEZ, wordt in het kader van de ruimtelijke ordening gerekend tot de EHS. Aldus zou men de Noordzee gevoeglijk het grootste natuurgebied van Nederland kunnen noemen. Voor de Noordzee-EHS geldt evenwel niet helemaal hetzelfde beschermingsregime als voor de EHS op land. Het Integraal Beheerplan Noordzee 2015 (IBN) hanteert een minder streng regime.

De uitdaging is om van de fouten van de ruimtelijke ordening op land te leren en een nieuwe mariene planologie te ontwikkelen waarbij duurzame functiecombinaties niet meteen juridisch onmogelijk worden gemaakt. Het is thans niet ondenkbaar dat duurzame gebiedsontwikkeling die zowel economisch, ecologisch als maatschappelijk aanvaardbaar en gewogen is, toch op een juridisch veto stuit als gevolg van de rechtsdogmatiek van toetsing.

> Voor een te zeer vertrouwen op gemeentelijke decentralisatie in combinatie met zachte planologische sturing zonder juridisch bindende regels hoeven we op zee in elk geval niet bang te zijn: gemeenten zijn er niet bevoegd. De zee is rijkseigendom en decentralisatie is er niet aan de orde.[135] Rijksoverheid en Europa zullen hier het beleid en het recht moeten bepalen. Lidstaten moeten ruimtelijke beschermingsmaatregelen nemen voor beschermde mariene gebieden zoals Natura 2000 en OSPAR-MPAs. Stilzwijgend en stap voor stap doet Brussel zo dus ook steeds meer aan iets wat op RO-beleid en RO-recht gaat lijken. Nederland zou onder de nieuwe Wro gevoeglijk een rijksinpas-

[135] F.H. Kistenkas, *De ruimtelijke ordening op zee show*, De Volkskrant 1-11-2008, p. 69; PBL, *Natuurverkenning 2010-2040. Visies op de ontwikkeling van natuur en landschap*, Den Haag 2012, p. 133.

singsplan (RIP) voor de Noordzee kunnen overwegen. Hopelijk wordt dat dan een RIP Noordzee waarbij men uitgaat van meervoudig ruimtegebruik, dus met de mogelijkheid van functiecombinaties.

De VIBEG-casus maakt duidelijk dat waar de habitattoets niet uitnodigde tot meervoudig ruimtegebruik en het gebied ofwel op slot gooide (helemaal geen visserij) ofwel europeesrechtelijk slecht verkoopbare gedoogconstructies (voor de zware boomkor) opleverde, het akkoord tussen visserijsector, ministerie en natuurorganisaties enkelvoudig ruimtegebruik open deed breken. Door middel van een zorgvuldige belangenafweging werd er een balans tussen productiediensten en andere ecosyteemdiensten bereikt en komt er in elk geval in 2016 een eind aan de contrapunt tussen visserij en natuur op de Nederlandse 12 mijlszone van de Noordzee.

7. De omgevingsvergunning

7.1 Integrale omgevingsvergunning

In 2010 is de nieuwe Wet algemene bepalingen omgevingsrecht (Wabo) van kracht geworden. De vele verschillende sectorale vergunningen (en ontheffingen en andere toestemmingsvereisten) voor wonen, ruimte en milieu worden zoveel mogelijk samengevoegd tot één integrale overheidstoestemming. Uiteindelijk blijft er dan één vergunning over: de *omgevingsvergunning*. Naast deze omgevingsvergunning blijft er echter nog een aparte *water*vergunning bestaan.

De milieusector water wordt dus niet in de omgevingsvergunning geïntegreerd. Weliswaar zijn reeds acht bestaande wetten voor het waterbeheer inmiddels vervangen door één nieuwe Waterwet (Wtw, wet van 29 januari 2009, Stb. 2009, 107) en worden een zestal vergunningstelsels teruggebracht tot één *watervergunning*, maar deze watervergunning wordt niet geïntegreerd met de integrale *omgevingsvergunning* van de Wet algemene bepalingen omgevingsrecht (voor wonen, ruimte en milieu). Er is dus voorshands sprake van twee gescheiden integratiesporen. Wel heeft men het voornemen om te komen tot één loket voor zowel watervergunning als omgevingsvergunning. Dit wordt dan het zogenoemde *omgevingsloket* "waarachter de overheden uitvechten hoe het zit" (woorden van de minister, Kamerstukken II, 2005/6, 29 515, nr. 97, p.5). De Wabo regelt wel een coördinatie van de voorbereiding van de omgevingsvergunning met de watervergunning (art. 3.16-3.23 Wabo jo. Art. 6.1 en 6.2 Wtw).
In het planstelsel van de Waterwet wordt een koppeling gelegd met het planstelsel uit de nieuwe Wro: het *nationale waterplan* (NWP) heeft tevens de status van rijksstructuurvisie (art. 2.3 Wro) en de regionale waterplannen hebben tevens de status van provinciale structuurvisie (art. 2.2 Wro); vgl. art. 4.1 en art. 4.4 van de Waterwet. Eind 2009 verscheen het NWP 2009-2014 met beleidskeuzes voor het nationale zoet- en zoutwaterbeleid. Het als structuurvisie slechts bindend voor het rijk zelf (zelfbinding) en is dus geen wetgeving oftewel een algemeen verbindend voorschrift (avv). Zie eerder Hoofdstuk 2.
Zo nodig kunnen vervolgens ook de andere, meer dwingende instrumenten uit de nieuwe Wro worden ingezet. Als er bijvoorbeeld op gemeentelijk niveau geen of onvoldoende invulling wordt gegeven aan de gewenste ruimte voor water, dan kan het aanwijzingsinstrument van de Wro worden gebruikt om bijvoorbeeld bergingsgebieden ruimtelijk zeker te stellen. Ook kunnen inpassingsplannen of provinciale ruimtelijke verordeningen (PRVs) volgen.

De vraag dient zich aan of en zo ja, op welke wijze de komst van de omgevingsvergunning het Nederlandse natuur- en landschapsbeleid zal doen veranderen.

Waar de EU uitgaat van de sectorale lijn van telkens verschillende milieurichtlijnen per milieusector (natuur, water, lucht etc.), wordt binnen Nederland op decentraal niveau geprobeerd alles te integreren tot èèn omgevingsvergunning. Men kan zich afvragen of de Wabo geen discrepanties zou kunnen gaan opleveren met het EU-beleid. De benaderingen zijn immers verschillend: *integraal* versus *sectoraal*.

De Wet algemene bepalingen omgevingsrecht kiest voor één integrale *omgevingsvergunning*, die via één aanvraag, bij één bevoegd gezag (in beginsel burgemeester en wethouders) tot stand komt: de zogenoemde *één loketgedachte*.

De volledig te integreren vergunningen zijn onder meer de bouwvergunning, de milieuvergunning, de monumentenvergunning, de gebruiksvergunning, de aanlegvergunning, de sloopvergunning, de binnenplanse ontheffing en de kapvergunning. Ook het projectbesluit uit de Wro van 2008 is inmiddels een omgevingsvergunning geworden, namelijk de omgevingsvergunning tot afwijking van het bestemmingsplan (vaak in de bestuurspraktijk als Wabo-projectbesluit aangeduid).

Oude ingesleten begrippen als bouwvergunning en milieuvergunning zullen daarmee langzaam uit het spraakgebruik verdwijnen.

> De *milieuvergunning* vloeide altijd voort uit de Wet milieubeheer (Wm). De Wet milieubeheer was traditioneel sterk beïnvloed door EU-milieurichtlijnen zoals milieueffectrapportage-richtlijnen, kaderrichtlijn afvalstoffen, emissie(handel)richtlijnen. De grondslag voor dit Europese milieubeleid is de zogenoemde *milieutitel* uit het Werkingsverdrag van de EU (art. 191 VWEU). Milieueffectrapportage (de m.e.r.) is een hulpmiddel voor de overheid. Het MER (het rapport) is nodig voor de (milieu)vergunningaanvraag en bevat beschrijvingen van alternatieven (meest milieuvriendelijke alternatief, nulvariant). De *Commissie mer* te Utrecht geeft advies. Er is ook een richtlijn voor strategische milieubeoordeling (SMB-richtlijn) die ziet op strategische beslissingen op planniveau. Er kan aldus een dubbele mer-plicht bestaan: een "plan"-mer en daarna een "besluit"-mer. Denk bijvoorbeeld aan de PKB Verkeer en Vervoer en daarna het tracébesluit voor de concrete weg.

Ook de EU-broeikasgasemissiehandelrichtlijn ter uitvoering en aanscherping van het Kyoto-protocol is uiteindelijk geïmplementeerd in de Wet milieubeheer.

De Wabo kan ook de vergunning- en ontheffingverlening op basis van de natuurbeschermingswetgeving betreffen. De vergunningen en ontheffingen op grond van de Natuurbeschermingswet (Nbw) en Flora- en faunawet (Ffw) kunnen worden "aangehaakt". De procedure van de aanhaking wordt geregeld in de specifieke wetten en dus niet in de Wabo zelf.

Aan de basis van de omgevingsvergunning ligt dus de Wabo. Onder de omgevingsvergunning vallen als eerste alle vergunningen op het gebied van het oude ministerie van VROM, dus wonen, bouwen, ruimte en milieu. Maar ook vergunningen op beleidsterreinen van andere departementen gaan mee, zoals vergunningen op het gebied van monumenten, natuurbescherming, flora en fauna. De Wabo kent intussen ook al nadere inkadering door lagere wetgeving (AMvBs en ministeriële verordening): het Besluit omgevingsrecht (Bor) en de Ministeriële regeling omgevingsrecht (Mor). Het Bor geeft o.a. een nadere detaillering over bevoegd gezag en handhaving. In de Mor wordt vooral aandacht besteed aan de indieningsvereisten.

Alhoewel in beginsel het college van burgemeester en wethouders het bevoegd gezag zal zijn, zullen de oude sectorale vergunning- en ontheffingverleners toch nog een taak behouden en in feite ook nog de toetsing en/of afweging verrichten: zij zullen een zogenoemde *verklaring van geen bedenkingen* (vvgb) moeten afgeven. Als de vvgb wordt geweigerd, moet de vergunning of ontheffing door het bevoegde gezag van het ene loket worden geweigerd. Van de vvgb mag niet worden afgeweken. Een vvgb zal bijvoorbeeld worden afgegeven door de minister en de provincie op grond van respectievelijk de Ffw en de Nbw. Daarbij zal de soorten- respectievelijk de habitattoets weer gewoon net als altijd worden verricht conform de nationale en internationale wetgeving.

In beginsel zit het ene loket dus bij de gemeente. Voor bepaalde complexe situaties zullen GS het bevoegd gezag zijn. Deze situaties zullen worden neergelegd in een AMvB (algemene maatregel van bestuur).
Waarschijnlijk zal het gaan om maximaal 1% van de gevallen (ongeveer 1300 keer per jaar). Het aanvragen van een omgevingsvergunning voor bepaalde complexe situaties bij GS mag wel direct bij GS, maar indien de aanvrage wordt ingediend bij de gemeente, dient de gemeente er zorg voor te dragen dat de aanvrage bij het juiste gezag terecht komt. Het wordt de aanvrager zo gemak-

kelijk mogelijk gemaakt: de vraag wie bevoegd gezag is, ligt niet langer bij de aanvrager, maar wordt gelegd bij de overheid, lees: de *gemeentelijke* overheid.

7.2 Wabo en natuur/landschap

Voor het specifieke (gebiedsgerichte) landschapsbeleid geldt dat het *ja, mits*-regime (ruimtelijke ontwikkelingen in Nationale Landschappen zijn mogelijk, mits de kernkwaliteiten worden behouden of worden versterkt) via het ruimtelijke ordeningsspoor moest doorwerken. Dit geldt eveneens voor het generieke landschapsbeleid (Bro-ladder); ook dat zal via het RO-spoor zijn weg moeten vinden.

Dat wil zeggen dat via provinciale structuurvisies en uiteindelijk inpassingsplannen of gemeentelijke bestemmingsplannen vooral de vergunning voor het bouwen (de oude bouwvergunning) en in voorkomend geval ook vergunning voor "het uitvoeren van een werk, geen bouwwerk zijnde" (de vroegere aanlegvergunning) van belang zijn. Beiden worden door de Wabo geïntegreerd tot de omgevingsvergunning.

Is er ook een PRV of AMvB die i.c. het landschap nader reguleert, dan dient de vergunning ook daaraan getoetst te worden. Dit is immers het limitatief-imperatieve stelsel (LIS) van art. 2.10 en art. 2.11 Wabo (zie daarover eerder in Hoofdstuk 2).

Hetzelfde kan gezegd worden van het *nee, tenzij*-regime van de EHS (geen ontwikkelingen, tenzij er geen alternatieven zijn en er sprake is van groot openbaar belang en compensatie wordt geboden). Ook hier geldt het RO-spoor voor en zal dus met name de omgevingsvergunning voor het bouwen (de voormalige bouwvergunning) relevant zijn. Dergelijke *nee, tenzij*-regimes zullen ingevolge de AMvB Ruimte ook gaan gelden voor Waddenzee, IJsselmeer en kustfundament (Tabel 7). Voor (wereld)erfgoederen en Nationale Landschappen zijn *ja, mits*-regimes voorzien.

Met RO-spoor wordt dan bedoeld het spoor dat begint met Wro en via AMvB, PRV en inpassings- of bestemmingsplan kan lopen tot de uiteindelijke omgevingsvergunning.

Voor Natura 2000 geldt thans een eigenstandig vergunningenstelsel van de Nbw. Ook voor soortenbescherming is overigens een eigenstandig stelsel van toepassing: de Ffw-ontheffing.

Tabel 7. Rechtsregimes natuur en landschap.

Natura 2000	*nee, tenzij*	Europees	Nbw-vergunning[1]	evt. aanhaken bij omgevingsverunning
EHS[2] IJsselmeer Kustfundament Waddenzee	*nee, tenzij*	nationaal	RO[3]	omgevingsverunning (evt. watervergunning)
Nat. Landschap Erfgoederen	*ja, mits* (kernkwaliteiten)	nationaal	RO	omgevingsverunning

[1] Natuurbeschermingswet.
[2] Ecologische Hoofdstructuur
[3] Ruimtelijke ordering.

Ook voor deze toestemmingen kan evenwel een *waboïsering* gelden. Voor deze toestemmingen geldt immers het aanhaaksysteem, waardoor zij (in geval van een plaatsgebonden activiteit zoals bouwen) zullen opgaan in de omgevingsvergunning. Dit betekent dat de Wabo in beginsel ook relevantie kan hebben voor zowel het landschapsbeleid als het natuurbeleid.

7.3 Waboïsering: model 3 of model 4?

Dat er in plaats van de vele omgevingsrechtelijke sectortoestemmingen één integrale omgevingsvergunning is gekomen ("bouwen met één papiertje" na het volgen van slechts één procedure), wil nog niet zeggen dat er ook één *toetsingskader* is (bijvoorbeeld de bescherming van de fysieke leefomgeving, algemene duurzaamheidstoets of wellicht zelfs een maatschappelijke kosten en baten-afweging; MKBA). Dat vond de toenmalige minister nog een brug te ver, maar we zouden daar op den duur volgens haar wel naartoe moeten. Het is zeer de vraag of het beschermingsniveau van natuur- en landschap niet achteruit zal gaan als één criterium zal worden gehanteerd.

Wat betreft het materiële toetsingskader verandert er voorlopig (nog) helemaal niets. Voor het verkrijgen van de Wabo-omgevingsvergunning wegen alle bestaande toetsingsgronden even zwaar; elke weigeringsgrond kan leiden tot een integrale weigering van de omgevingsvergunning of althans tot een gedeeltelijke weigering als de omgevingsvergunning op verzoek van aanvrager toch weer wordt opgeknipt in sectorale deelvergunningen.

> De habitattoets uit de Nbw en de soortentoets uit de Ffw blijven dus gewoon bestaan. Zij moeten ook gewoon blijven bestaan op grond van de hogere Europese regels. Een andere toets dan de habitattoets of de soortentoets zal immers in strijd komen met het communautaire natuurbeschermingsrecht uit de Habitat- en Vogelrichtlijn.

In het huidige model van de Wabo is er dus slechts sprake van een optelsom van de verschillende toetsingscriteria; elke weigeringsgrond kan leiden tot een integrale (of gedeeltelijke) weigering van de omgevingsvergunning. Dat betekent dat bijvoorbeeld habitattoets, soortentoets, luchtkwaliteitstoets, milieutoets, alsmede een eventuele toekomstige erfgoedtoets, landschapstoets, monumententoets en cultuurhistorische Belvedere-toets gewoon blijven bestaan. Ook het *nee, tenzij*-afwegingskader van de EHS en het *ja, mits*-regime van het landschapsbeleid blijven gewoon behouden. Kernkwaliteiten uit het specifieke landschapsbeleid en EHS-spelregels veranderen door de Wabo dus niet.

Deze slechts procedurele integratie wordt aangeduid met *model 3*. De huidige Wabo opteert vooralsnog voor dit model, maar het uiteindelijke streven blijft nog altijd een model van volledige, dus ook inhoudelijke integratie met één toetsingsgrond (*model 4*).

Model 4 lijkt ons op gespannen voet te gaan staan met het Europese sectorale milieurecht met zijn verscheidenheid aan aparte doch verplichte toetsingsgronden. De EU bedient zich immers van aparte richtlijnen (kader- en dochterrichtlijnen) en verordeningen met elk hun eigenstandige wegingscriteria: voor luchtkwaliteit, voor water, voor afvalstoffen, voor nitraat, voor habitats, voor soorten, voor bodem etc.

Met model 3 daarentegen verandert er inhoudelijk niets en blijven de Europese en nationale natuurbeschermingsrechtelijke toetsingscriteria gewoon bestaan. Er is in essentie slechts sprake van een frontoffice (één loket), met daarachter nog steeds de verschillende toetsingsactiviteiten. De bescherming van natuur en landschap wordt dus niet verandert of zelfs aangetast.

Het is van belang zich te realiseren dat de huidige Wabo "slechts" uitgaat van model 3 en dat deze slechts procedurele integratie geen verandering betekent van de inhoudelijke toetsingskaders van natuur en landschap.

Men zou dus een onderscheid kunnen maken tussen *formele* waboïsering (procedureel integreren in of aanhaken bij de omgevingsvergunning) en *materiële* waboïsering (natuur en landschap gaan op in één inhoudelijk toetsingskader). Dat laatste gebeurt dus op dit moment niet. Het eerste daarentegen wel.

Intussen kondigt de SVIR weer een nieuwe wetgevingsoperatie aan op het gebied van het omgevingsrecht. De SVIR stelt een eerste wetsvoorstel "rondom ruimtelijke ordening, infrastructuur, water, wonen, milieu, natuur, landbouw, archeologie en monumenten" in het vooruitzicht onder de naam *Raamwet Omgevingsrecht* (zie SVIR 2011, p. 50). Thans is nog niet duidelijk welke gedeelten van bestaande en nieuwe wetgeving hierin op zullen gaan.

7.4 Rechtsliteratuur

In de rechtsliteratuur overheersen kritische geluiden en vooral ook de angst voor het wegwegen van zachtere waarden als natuur en landschap tegen hardere waarden wanneer het tot een model 4 komt. Eén criterium zou het beschermingsniveau van natuur en landschap achteruit doen gaan omdat weging met andere wellicht hoger te monetariseren belangen in de plaats komt van toetsing[136]. Aparte sectortoestemmingen verzekeren dat natuur- en landschapsbelangen toch nog het meest het volle pond krijgen en niet meteen al worden weggewogen tegen de kennelijke imperatief van het botte economische gewin.

Ook waarschuwt men voor een Europese Alleingang van Nederland[137]. Als enige lidstaat opteert Nederland met de Wabo voor één integrale omgevingsvergunning voor milieu, ruimtelijke ordening en natuur. De bouw-, milieu-, sloop-, aanleg en monumentenvergunning worden samengevoegd tot één vergunning bij één loket. Ook de vergunningen en ontheffingen van de Natuurbeschermingswet en de Flora- en faunawet zullen bij deze superver-gunning worden aangehaakt. Het liefste ziet men uiteindelijk ook één grote integrale omgevingswet, een super milieu- en ruimtelijke ordeningswet.

---

[136] R.A.J. van Gestel, *Problemen bij de integratie van wetgeving; de Wabo*, Tijdschrift voor Omgevingsrecht 2006-4, p. 141-144; V.M.Y. van 't Lam, *Over integratie en coördinatie van vergunningstelsels*, Nederlands Tijdschrift voor Bestuursrecht 2007-2, p. 161-163; F.H. Kistenkas, *Juridisch is Belvedere-beleid boterzacht*, ROM 5-2006, p. 34-36.

[137] M.G.G. Neven, F.H. Kistenkas, *Highlights Eurosites Insights*, Alterra, Wageningen 2005; H.H.B. Vedder, *De Wabo en het Europees recht*, Tijdschrift Omgevingsrecht 2006-4, p. 145-146; Kistenkas, F.H., M.G.G. Neven, *Natura 2000 in het buitenland: feiten en fabels*, Vakblad Natuur Bos landschap 2007-5, p. 10-11.

Landenvergelijking toont echter aan dat die integrale omgevingsvergunning nergens van de grond is gekomen. Het is wel geprobeerd in landen als Zweden, Finland en Duitsland maar men kwam niet verder dan één milieuwetboek (Zweden en Finland). Eén integrale vergunning is nog nooit ergens gelukt. De Duitsers hadden reeds begin jaren negentig een integraal *Umweltgesetzbuch* klaarliggen, maar deze is uiteindelijk nooit ingevoerd en van één integrale vergunning is het al helemaal niet meer gekomen. De Zweden gaven al aan waarom hier het adagium van beter ten halve gekeerd dan ten hele gedwaald geldt: de EU denkt zelf nog niet integraal maar vaardigt telkens sectorale richtlijnen uit. Waarom zou je dan als lidstaat zo ver voor de troepen moeten uitlopen?

Op dit moment kiest de Wabo nog voor een procedurele integratie met behoud van de verschillende sectorale toetsingskaders (het zogenoemde model 3: bouwen met één papiertje), maar de bedoeling is om uiteindelijk dit uit te bouwen tot model 4: één toetsingskader. Dat spoort wellicht niet met het Europese recht, dat juist verschillende sectorale toetsen kent en die sectoraliteit in zijn milieurichtlijnen in wezen ook echt *eist*: van luchtkwaliteitstoets tot en met habitattoets.
En wat moet bovendien dat ene toetsingscriterium dan zijn? Als we de huidige sectorale toetsen inruilen voor een integrale afweging moet gevreesd worden dat het beschermingsniveau van zachte(re) waarden als natuur en landschap sterk achteruit zal gaan. Zeker als een maatschappelijke kosten en batenanalyse (MKBA) als zo'n integraal afwegingsinstrument wordt gezien, zoals Ruijgrok en Schutte reeds lijken te doen[138]. Zachtere waarden als natuur en landschap zouden het dan wel eens vaker kunnen gaan verliezen van hardere economische waarden. Brussel eist vooralsnog echter een strenge sectorale milieutoetsing op basis van de verschillende sectorale milieurichtlijnen als Habitat- en Vogelrichtlijn, Kaderrichtlijn Water, Nitraatrichtlijn en de Kaderrichtlijn Lucht met de verschillende dochterrichtlijnen.

Sommigen twijfelen ook of de eerstelijns overheid, het gemeentelijk niveau, wel voldoende expertise in huis heeft[139] . Het wordt voor gemeenten volgens hen allemaal nog complexer dan het al was.

De VNG merkte reeds op dat de nieuwe Wet Samenhangende Besluiten (WSB) de intentie van de Wabo beter waarmaakt dat het hele Wabo-traject. De WSB

[138] E. Ruijgrok, R. Schutte, *Toetsing der toetsen*, ROM 2005-6, p. 28-29.
[139] J. Verschuuren, *Natuur in de omgevingsvergunning*, Milieu en Recht 2005-9, p. 550-553; J. Zijlmans, *Het 'aanhaken' van de Nbw en Ffw bij de Wabo*, JFf 2006-7, p. 183-190.

regelt onder andere dat aanvragers van vergunningen te horen moeten krijgen welke andere vergunningen zij nodig hebben. [140]

Ook is opgemerkt dat kennelijk de ondernemer tegenwoordig centraal staat in het milieurecht, want voor hem is het bouwen met één papiertje bedacht en de één loketgedachte gelanceerd, waar hij vervolgens blijkens de pilots niet eens altijd gebruik van wil maken (toch weer opknippen in oude vertrouwde deelvergunningen).

Met weer een extra wet wordt getracht een beperkt probleem (slechts een klein deel van de vergunningaanvragen zijn immers ook blijkens de pilots meervoudig) op te lossen, terwijl het waarschijnlijk gewoon niet simpeler kan dan het nu al is. Michiels[141] schrijft:

> *De belangrijkste burger is de ondernemende burger. Dus moet er kost wat kost één vergunning komen. Dat bekt ook goed: voortaan alles in één. Maar je zou ook kunnen redeneren vanuit andere te beschermen belangen, zoals die van het milieu, de kwaliteit van de omgeving .... Dan is het minder dramatisch dat een burger of een bedrijf twee of meer afzonderlijke toestemmingen moet aanvragen en kunnen de afzonderlijke belangen het volle pond krijgen.*

Kortom, er zijn meer waarden dan eenvoud en het gaat in het milieurecht en het landschaps- en natuurbeschermingsrecht niet alleen om de ondernemende burger.

Indien en voorzover de Wabo op termijn mede een integratie van het ruimtelijke ordeningsspoor met het natuurbeschermingsspoor zou willen bewerkstelligen, moet worden opgemerkt dat door de planologische uitvoerbaarheidstoets in de meest recente jurisprudentie toch al bij bestemmingsplannen rekening gehouden moet worden met de habitattoets en de soortentoets.[142]

7.5 Bouwen, landschap en natuur

Ofschoon er dus niks verandert voor wat betreft de inhoudelijke toetsingscriteria, zou er wellicht wel iets kunnen veranderen wat betreft het toetsings*moment*. Rechtsliteratuur, pilotverslagen en kamerstukken (behorend bij het

[140] Binnenlands Bestuur, *Eenzame strijd gemeenten tegen omgevingsvergunning*, Binnenlands bestuur 2007-19, p. 22-23.
[141] L. Michiels, *Naar een Wabo*, Tijdschrift voor Omgevingsrecht 2005-2, p. 37-44.
[142] M.E.A Broekmeyer, F.H. Kistenkas, *Bouwen en natuur*, WOt-werkdocument 44, Wageningen 2006.

wetsvoorstel Wabo nr. 30 844) gaan hier niet expliciet op in. Komt het natuur- en landschapsbelang nu eerder, later of op hetzelfde moment aan de orde bij bouwinitiatieven?

Duidelijk is dat reeds bij de bestemmingstoewijzing een planologische uitvoerbaarheidstoets verricht moet zijn. Dat betekent dat op het ruimtelijke ordeningsspoor al een natuur- of landschapstoets thuishoort: is de bestemming op voorhand en in redelijkheid haalbaar te achten gezien de te zijner tijd benodigde sectorale toestemmingen uit Nbw, Ffw of andere wetten [143]. Deze uitvoerbaarheidseis (gegroeid uit art. 9 Bro) en vooral ook de uitvoerbaarheidsjurisprudentie wordt door de Wabo niet veranderd. Dat betekent dat het toetsingsmoment bij de planwetgever geen wijziging ondervindt.

Als het goed is verricht iedere planwetgever (gemeente in bestemmingsplan en straks ook provincie en rijk in inpassingsplan) reeds een eerstelijns toetsing. Het bestemmings- of inpassingsplan preludeert als het ware reeds op de te verlenen bouwvergunning cq. omgevingsvergunning. De ruimtelijke ordening fungeert dan ons inziens als integratiekader.

Vervolgens kunnen initiatiefnemers ook onder de Wabo in wezen zelf weer het toetsingsmoment voor de uiteindelijke vergunningverlening bepalen nu de Wabo het opknippen in deelvergunningen weer mogelijk maakt.

Aldus verandert er dan zowel qua toetsingsmoment (eerste toetsing blijft de planologische uitvoerbaarheidstoets zoals die ook nu al bestaat) als qua inhoudelijke toetsingsgrond (habitat- en soortentoets, landschapstoets) niets. Weliswaar komt er één loket, maar dat tast de toetsingsgronden en het eerstelijns toetsingsmoment niet aan. Natuur, milieu en landschap zullen zo verder kunnen planologiseren en de RO zal steeds meer als integratiekader kunnen gaan fungeren. In zoverre zal de Wabo de nieuwe Wro alleen maar versterken.

> Het aantal Ffw-ontheffingen en Nbw-vergunningen zal onder de Wabo wellicht dalen (ze zullen immers meeliften op en aangehaakt worden bij de omgevingsvergunning; aanhakingssysteem), doch het aantal *toetsingen* zal als het goed is niet dalen. Veel hangt dan wel af van de alertheid van dat ene

---

[143] *Ibidem.*

loket. Weet men ten gemeentehuize dat er i.c. ook natuur- en/of landschapselementen spelen?

Het Wabo-systeem vereist en veronderstelt inzet en expertise van gemeenten, die op dit punt echter ongunstig scoorden bij de discussie over het vergunningstelsel van de Nbw. De Tweede Kamer koos enige jaren terug immers bij de wijziging van de Nbw uiteindelijk voor een eigenstandig, sectoraal vergunningstelsel en geen integraal stelsel onder meer omdat gemeenten niet geschikt leken voor het uitvoeren van deze taak. Natuurlijk wordt nu een vvgb geeist, maar de gemeente moet hier er wel alert op zijn dat deze i.c. ook nodig is. In feite komt deze taak nu weer bij hoger bevoegd gezag terecht (vvgb), mits de gemeente hierop alert is. Gebeurt dit niet dan vallen we weer terug op het aloude piepsysteem van procederen bij de bestuursrechter.[144]

7.6 Waterwet en watervergunning

Met de Waterwet (Wtw) uit 2009 verdwenen de Wet op de waterhuishouding, de Wet op de waterkering, de Grondwaterwet, de Wet verontreiniging oppervlaktewateren, de Wet verontreiniging zeewater, de Wet droogmakerijen en indijkingen, de Wet beheer rijkswaterstaatswerken en de Waterstaatswet 1900.

De Wtw betreft zowel waterkwantiteitsbeheer (voorkoming en waar nodig beperking van overstromingen, wateroverlast en waterschaarste; art. 2.1. lid 1 sub a als waterkwaliteitsbeheer (bescherming en verbetering van de chemische en ecologische kwaliteit van watersystemen; art. 2.1. lid 1 sub b. De considerans van het wetsvoorstel heeft het over de wenselijkheid van stroomlijnen en moderniseren van het wettelijk instrumentarium en het centraal stellen van "het integraal beheer van watersystemen".

Het object van de Waterwet wordt het watersysteem: het samenhangend geheel van oppervlaktewaterlichamen (oppervlaktewater, waterbodem en oevers inclusief flora en fauna) met bijbehorende waterkeringen e technische infrastructuur en grondwaterlichamen.

Dit uitgangspunt sluit aan bij de Kaderrichtlijn Water die ook op het hele watersysteem betrekking heeft. Het wetsontwerp doet daarmee recht aan de samenhang tussen oppervlakte- en grondwater, tussen zoet en zout water en

[144] M.E.A. Broekmeyer, F.H. Kistenkas, *Bouwen en natuur*, WOt-werkdocument 44, Wageningen 2006.

tussen waterkwaliteits en waterkwantiteitsbeheer. Het wordt aldus mogelijk om tot een integrale beoordeling van (handelingen in) het watersysteem te komen (de zogenoemde *watersysteembenadering*).

Acht bestaande wetten voor het waterbeheer werden vervangen door één Waterwet en een zestal (lozings)vergunningstelsels werden teruggebracht tot één *watervergunning*. Deze watervergunning werd evenwel voorshands niet geïntegreerd met de integrale *omgevingsvergunning* van de Wet algemene bepalingen omgevingsrecht (voor wonen, ruimte en milieu), maar blijft apart bestaan naast deze Wabo-vergunning. Er is dus voorshands sprake van twee gescheiden integratiesporen.

> Voor handelingen als het lozen van afvalstoffen of verontreinigde stoffen in oppervlaktewaterlichaam of op zee kent de Wtw een vergunningplicht (art. 6.2-6.4 Wtw). Ook hier geldt een limitatief-imperatief stelsel (LIS). Een dwingende weigeringsgrond voor de watervergunning is: onverenigbaarheid met de doelstelligen van de Wtw (art. 6.17 Wtw). Het toetsingskader voor die onverenigbaarheid zijn de normen uit Hoofdstuk 2 van de Wtw en het bepaalde in het beheerplan.

Het bevoegde gezag voor de verlening van de watervergunning wordt het waterschap voor wat betreft de regionale watersystemen en Rijkswaterstaat voor wat betreft het hoofdwatersysteem. De provincie blijft het bevoegde gezag voor bepaalde categorieën van grondwateronttrekkingen en infiltraties ervan (drinkwaterwinning, grote industriële onttrekkingen en koude-warmte opslag).

> In het planstelsel van de Waterwet wordt, zoals gezegd, een koppeling gelegd met het planstelsel uit de nieuwe Wet ruimtelijke ordening (Wro): het nationale waterplan heeft tevens de status van rijksstructuurvisie (art. 2.3 Wro) en de regionale waterplannen hebben tevens de status van provinciale structuurvisie (art. 2.2 Wro); vgl. art. 4.1 en art. 4.4 van de Waterwet. In de Waterwet is dus gekozen voor integratie op planniveau.

Gemeenten dienen het waterbeleid vast te leggen in de reeds bestaande gemeentelijke planfiguren zoals het *gemeentelijk rioleringsplan* (GRP) op basis van de Wet milieubeheer of het bestemmingsplan op basis van de Wro. Indien internationaal waterbeheer dit noodzakelijk maakt (bijvoorbeeld de Kaderrichtlijn Water), is het rijk bevoegd rechtstreeks toezicht uit te oefenen op overheden met operationele watertaken.

Onder de oude WRO werd in het Besluit ruimtelijke ordening (art. 7 lid 2 sub c jo. art. 11 lid 2 sub c jo. art. 12 lid 2 sub c Bro) reeds "een beschrijving van de wijze waarop rekening is gehouden met de gevolgen van het plan voor de waterhuishouding" geëist. Dit opnemen van een waterparagraaf in een bestemmingsplan, streekplan of structuurplan wordt ook wel de *watertoets* genoemd. Het opnemen van zo'n paragraaf in een plan zou doorgaans evenwel slechts een procesinstrument zijn en niet als een inhoudelijk kaderstellend instrument fungeren.

Met de integratie op planniveau dienen thans de ruimtelijke gevolgen van de wateropgave in ruimtelijke plannen te worden uitgewerkt, zodat water integraal onderdeel uitmaakt van de ruimtelijke planning.

In de rechtsliteratuur is opgemerkt dat het voorstel wel een koppeling tussen waterbeleid en RO-beleid aanbrengt, maar geen of althans onvoldoende koppeling tussen waterbeleid en het overige omgevingsbeleid bewerkstelligt. Zo zou er in tegenstelling tot de Kaderrichtlijn Water geen expliciete link worden gelegd met de eisen van de Habitat- en Vogelrichtlijn en zou er te weinig afstemming zijn met het milieubeleid en natuurbeleid.

8. Nieuwe wetgeving

8.1 Algemeen

De laatste jaren gaf een aanzienlijke en bijna ongekende proliferatie van groenblauwe wetgeving te zien. Na de nieuwe Wro van 2008 was er in wezen sprake van een legislatief *perpetuum mobile* van over elkaar heen buitelende wetsontwerpen. Na een aantal voorontwerpen voor een nieuwe AMvB Ruimte, was er de Wet algemene bepalingen omgevingsrecht, de Waterwet, de Crisis- en herstelwet, een wetsvoorstel voor het permanent maken van die wet, een voorstel voor een nieuwe Wet Natuur en werd er ook nog eens een Raamwet Omgevingswet aangekondigd waarin onder meer ook een aantal van de bovengenoemde wetsontwerpen in opgenomen zouden kunnen worden.

Velen lijken het er intussen over eens dat de complexiteit van het omgevingsrecht de laatste jaren uit de hand is gelopen en dat hier iets fundamenteels aan gedaan zou moeten worden. Er lijkt thans behoefte aan legislatieve rust, met name ten gemeentehuize.[145]

8.2 AMvB Ruimte

Eerder kwam reeds de AMvB Ruimte ter sprake. Ter juridische borging van de Structuurvisie Infrastructuur en Ruimte (ontwerp juni 2011), kortweg SVIR, werd tegelijkertijd de *AMvB Ruimte* oftewel het *Besluit algemene regels ruimtelijke ordening (Barro)* in conceptvorm gepresenteerd. Deze AMvB introduceert een aantal rechtsregimes voor nieuwe gebiedscategorieën. Naast een generiek rechtsregime voor het hele Nederlandse grondgebied (de zgn. Bro-ladder), komen er een aantal specifieke landschapsregimes bij.

Generieke rechtsregime: Bro-ladder

Reeds de ontwerp-AMvB Ruimte van juni 2011 introduceerde naar voorbeeld van een bestaande SER-ladder en ten behoeve van "zorgvuldige benutting van ruimte" een drietredige ladder voor àlle ruimtelijke besluiten: een generieke ladder dus (in te voegen in het Besluit ruimtelijke ordening (Bro), in nieuw art. 3.1.6 Bro). De *ontwerp-Nota van toelichting* gaf daarbij aan dat

145 PBL, *Ex-durante evaluatie Wet ruimtelijke ordening: tweede rapportage*, Den Haag 2012, p. 23.

het dan gaat om slechts een motiveringsvereiste (onderbouwing van nut en noodzaak middels processtappen). De SVIR spreekt van "een procesvereiste" (SVIR, p. 49).

Wellicht gaat het alsdan om slechts een formele zorgvuldigheid (zorgvuldige voorbereiding van bestemmingsplannen) die toch al gold ex art. 3:2 Awb: dit is geen inhoudelijk (materieel) beginsel van behoorlijk bestuur doch slechts een formele vereiste. Enkel het motiveren in de toelichting van het ruimtelijk plan hoe rekening is gehouden met de drie stappen lijkt dan genoeg. Die drie stappen zijn: a het voorzien in regionale of intergemeentelijke vraag b mogelijkheden binnen bestaand bebouwd gebied en c passende ontsluiting. Dit is *de iure* dus slechts een inspanningseis en niet een inhoudelijke resultaatsverplichting.

De vraag is nu of en zo ja hoe de rechter dit nader jurisprudentieel gaat invullen en natoetsen.[146] Dat kan stringent gebeuren (zgn. integrale toetsing), maar het kan ook slechts marginaal gebeuren.

Specifieke landschapsregimes

Alhoewel de Nationale Landschappen worden afgestoten naar de provinciale overheden en de Rijksbufferzones en Snelwegpanorama's zelfs helemaal zijn geschrapt, introduceert de AMvB Ruimte toch enkele nieuwe *nee, tenzij* en *ja, mits*-rechtsregimes.

- EHS
  Zo wordt aan de EHS op land, die voordien slechts planologisch beschermd was, nu ook juridische bescherming gegeven via een *nee, tenzij*-regime. Deze moet in PRVs (provinciale ruimtelijke verordeningen) worden uitgewerkt (zgn. getrapte doorwerking).
- Waddenzee
  Ook wordt er een nee, tenzij-regime gegeven aan de Waddenzee (art. 2.5.5) voor landschappelijke en cultuurhistorische kwaliteiten die al in de AMvB zijn omschreven. Dit betreft dus een eerste landschapstoets. Opgesomd worden onder meer de weidsheid en open horizon, maar ook de "verdronken en onderslibde nederzettingen en ontginningsporen, waaronder de dam naar Ameland". Hier zien we dat de centrale

[146] R. Kuiper, D. Evers, *Ex-ante evaluatie Structuurvisie Infrastructuur en Ruimte*, PBL Den Haag 2011, p. 12 en 45.

overheid het voortouw neemt voor een juridisch bindende landschaps- en erfgoedtoets[147].

Er geldt in de Waddenzee zelfs ook nog een zeer stringent *nee*-regime (een absoluut bouwverbod) voor bijvoorbeeld windturbines (art. 2.5.14) en jachthavens (art. 2.5.17), maar ook voor inpoldering (art. 2.5.7) en vliegvelden (art. 2.5.8). Zie bijlage IV achterin dit boek.

- IJsselmeer
  Voor het IJsselmeer gelden relatieve bouwverboden (art. 2.12.2): geen nieuwe bebouwing of landaanwinningen, tenzij... Ook dit is in wezen dus een *nee, tenzij*-regime.
- Kustfundament
  Ook voor het kustfundament geldt een *nee, tenzij*-regime: geen nieuwe bebouwing, tenzij... (art. 2.3.5).
- Erfgoederen
  Voor de vier landschappelijke erfgoederen van de Nieuwe Hollandse Waterlinie, Limes, Beemster en Stelling van Amsterdam geldt een *ja, mits*-regime (art. 2.13.4) die lijkt op die van de Nationale Landschappen (kernkwaliteiten).

De bepalingen over de EHS, IJsselmeer en erfgoederen traden nog niet meteen op 30 december 2011 in werking.

Beleidsmatig zijn er dus weliswaar beleidscategorieen geschrapt (Rijksbufferzones en Snelwegpanorama's) of afgestoten (naar provinciaal niveau) en wordt als beleidsuitgangspunt (SVIR) ingezet op decentralisatie en deregulering, maar juridisch gesproken zijn er dus juist (landelijk gedicteerde) rechtsregimes bijgekomen.

Hierin zou men dus een interessant contrapunt (zie eerder Paragraaf 3.4) kunnen zien: beleid richt zich op decentralisatie en deregulering, maar het recht (wetgeving en jurisprudentie) geeft daarentegen een ontwikkeling te zien naar centralisatie en regulering.[148]

Schematisch zou het landschapsrecht uit de AMvB-Ruimte en de SVIR eruitzien als in Tabel 8.

---

[147] F.H. Kistenkas, *Naar een juridische erfgoedtoets*, Openbaar Bestuur 2009-6/7, p. 19-21. Zie ook F.H. Kistenkas, *Landschapstoets*, Vakblad Natuur Bos Landschap 2009-9, p. 28.

[148] F.H. Kistenkas, W. Nieuwenhuizen, *Recht versus beleid. Rechtsontwikkelingen landschapsbeleid*, WOt-paper 12, Wageningen 2012. Vgl. ook het jurisprudentieoverzicht in het daarbij behorende WOt-werkdocument 280 (F.H. Kistenkas, W. Nieuwenhuizen, *Rechtsontwikkelingen landschapsbeleid: landschapsrecht in wording*, WOt-werkdocument, Wageningen 2012).

Tabel 8. Landschapsrecht uit de AMvB Ruimte en de Structuurvisie Infrastructuur en Ruimte.

	Beleidscategorie	Rechtsregime	Bijzonderheden
Generiek	Bro-ladder voor *alle* ruimtelijke besluiten: zorgvuldige benutting ruimte	formele zorgvuldigheid (procesvereiste voorbereiding ruimtelijke besluiten)	per analogiam art. 3:2 Awb?[3] jurisprudentie van belang!
Specifiek	Waddenzee	*nee, tenzij*	*nee*-regime voor windturbines, inpolderingen, vliegvelden en jachthavens
	EHS[1]	*nee, tenzij* (via PRV)[2]	
	IJsselmeer	*nee, tenzij*	
	Erfgoederen	*ja, mits* (via PRV)	
	Kustfundament	*nee, tenzij*	relatief bouwverbod (uitzondering voor strandpaviljoens ed.)
	Nationale Landschappen	naar provincies (kernkwaliteiten in SVIR, p. 91/2; *ja, mits*-regime)	
	Rijksbufferzones	exit	
	Snelwegpanorama's	exit	

[1] Ecologische hoofdstructuur.
[2] Provinciale ruimtelijke verordening.
[3] Algemene wet bestuursrecht.

Vooral het specifieke rechtsregime voor de Waddenzee valt op omdat deze landschapstoets een *nee, tenzij*-toetsing oplegt met daarin bovendien nog een absoluut bouwverbod (een zgn. *nee*-regime) voor jachthavens (art. 2.5.16 Barro), inpoldering (art. 2.5.7), vliegvelden (art. 2.5.8), booreilanden (art. 2.5.9), windturbines (art. 2.5.14). Er worden hier dus wettelijk op voorhand ecosysteemdiensten (i.c. immateriële en productiediensten) uitgesloten van weging. Zij mogen *de iure* geen rol spelen in de rechtsvindings- en bestuurlijke besluitvormingsprocedure waardoor een onderbenutting van ecosysteemdiensten als het ware rechtens wordt gesauveerd. Nieuwe jachthavens of zeewaartse uitbreidingen van bestaande jachthavens worden bijvoorbeeld zonder meer en op voorhand verboden. Alleen voor jachthavens op de eilanden is een klein echappatoire (zie art. 2.5.16 lid 3), maar jachthavens op het vasteland worden letterlijk "op slot" gegooid *n'importe* of er nog mogelijkheden zijn voor duurzame gebiedsontwikkeling of functiecombinaties.

Dit *a priori* uitsluiten van bepaalde ecosysteemdiensten (meestentijds immateriële en productiediensten) geldt ook voor de andere specifieke rechtsregimes waarbij in de *nee, tenzij*-toets of *ja, mits*-toets alleen aan beperkte natuurwaarden (bijv. wezenlijke kenmerken en waarden, WKW, bij de EHS) of landschapswaarden (bijv. de kernkwaliteiten van Nationale Landschappen) kan worden getoetst. Daarbij zal men dus moeten voorbij gaan aan andere waarden cq. diensten van deze gebieden. Men kan hier een vergelijking trekken met de Europese habitattoets voor Natura 2000-gebieden: ook daar een *nee, tenzij*-toets met enkel ecologische instandhoudingsdoelstellingen. Anders gezegd: het gaat hier enkel om natuur*beschermings*recht (planet) en niet om natuurgebruiksrecht (profit) of natuurbelevingsrecht (people).

Rechtsdogmatisch kan en mag bij een ingreep zo geen balans tot stand worden gebracht tussen andere ecosysteemdiensten dan regulerende of ondersteunende diensten. Immateriële en productiediensten worden zo al op voorhand op achterstand gezet omdat alleen het *planet*-aspect is meegenomen in de toetsingsmaatstaven.

Zie voor de letterlijke wettekst van de Waddenzee-toets Bijlage IV achterin dit boek.

8.3 Ontwerp Wet Natuur

Op 6 oktober 2011 verscheen er een ontwerp voor een nieuwe natuurwet (Wet Natuur) waarin Natuurbeschermingswet, Flora- en faunawet en Boswet gefuseerd zouden moeten worden. De bij dat wetsvoorstel behorende memorie van toelichting (MvT) begint weliswaar veelbelovend met mantra's als "duurzaam gebruik van ecosysteemdiensten" en "een goede balans tussen ecologie, economie en samenleving", maar in de wettekst zelf lezen we daar niks over terug.

Het lijkt voor het eerst te zijn dat in een officieel wetgevingsdocument (i.c. een MvT) het begrip ecosysteemdiensten of de balans tussen planet, profit en people überhaupt wordt genoemd. Dat is natuurlijk winst, maar een memorie van toelichting is evenwel niet de eigenlijke wettekst. Het gaat er uiteraard om wat er in de wet zelf staat; dat is juridisch bindend.

In de wettekst zelf lezen we helaas niks meer terug over die ecosysteemdiensten en die balans tussen ecologie, economie en maatschappij. Integendeel: ook de nieuwe natuurwet handhaaft de oude vertrouwde habitattoets en soortentoets. Ook in het Boswet-gedeelte keert de toets op velling van houtopstanden weer terug en hier zou men ook weer kunnen spreken van een bostoets (artt. 4.2 e.v.).

Art. 1.10 heeft het nog wel over "rekening houden" met vereisten op economisch en sociaal gebied, maar uiteindelijk wordt in art. 2.7 e.v. weer onomwonden gekozen voor de traditionale habitattoetsing. Ook de soortentoets keert terug in art. 3.8 e.v. Juridisch wijst de formulering van "rekening houden" op een zwakke inspanningsverbintenis, terwijl de artt. 2.7 e.v. daarentegen imperatief zijn gesteld overeenkomstig de art. 6 lid 3 en 4 van de Habitatrichtlijn. De rechtsvindingsmethode van toetsing is i.c. dus weer doorslaggevend (Tabel 9).

Om belangen of diensten in balans te brengen heeft men wettelijk een afwegingsmogelijkheid nodig en bij eenzijdige toetsing aan instandhoudingsdoelstellingen heeft men die rechtsdogmatisch dus juist niet. Toetsing is juridisch heel wat anders dan weging. Natuur*beschermings*recht wordt zo nooit verbreedt tot natuurgebruiks- en natuurbelevingsrecht. Functiecombinaties zullen moeilijk, zo niet uitgesloten blijven; ook duurzame functiecombinaties zoals een windmolenpark op zee of in het bos met zijn mogelijk zelfs heilzame refugium-werking voor natuur. Niet alleen op land maar vooral ook op zee kon dit ons wel eens lelijk gaan opbreken. Toetsing kan leiden tot een soort onnodige "planologische apartheid" van allerlei gebiedjes met een zeer beperkte, enkelvoudige bestemming.

De wet biedt dus geen vernieuwing op dit punt en laat zo een bijdrage aan een duurzame ontwikkeling van de Nederlandse leefomgeving liggen: regelgeving vormt een hindernis voor innovatieve combinaties van ecologie en

Tabel 9. Rechtsregimes Ontwerp Wet Natuur.

Beleidscategorie	Rechtsregime	Bijzonderheden
Natura 2000-gebieden	habitattoets	*nee, tenzij* (cf. Habitatrichtlijn)
Soorten	soortentoets	*nee, tenzij* (cf. Habitatrichtlijn)
Houtopstanden	bostoets (velling/dunning)	*nee, tenzij* (cf. Boswet)

economie.[149] Men zou echter ook kunnen zeggen dat dat van de Europese richtlijnen misschien ook niet mag. Die schrijven immers als hogere EU-regelgeving zo'n habitattoets of soortentoets voor. Het Europese recht en zeker het internationale recht is evenwel heel wat meer dan alleen een Brusselse Habitatrichtlijn. Als departementaal wetgevingsjurist of als lid van een voorbereidingscommissie had men ook op zoek kunnen gaan in andere en hogere internationale rechtsbronnen voor aanknopingspunten voor een nieuw en beter natuurrecht, zoals het overige Europese recht, het zogenoemde *acquis communautaire*, en in het internationale zeerecht en de internationale rechtsliteratuur. Men zou hier kunnen spreken van een gemiste rechtswetenschappelijke innovatiekans.

8.4 Crisis- en herstelwet

De Crisis- en herstelwet uit 2010 (Chw) was aanvankelijk bedoeld als een tijdelijke wet, maar later werd het de bedoeling om delen van die wet permanent te maken middels een apart wetsontwerp. Dit geldt ook voor de artt. 2.2 e.v. inzake bij AMvB aangewezen ontwikkelingsgebieden. Deze gebieden moeten ingevolge art. 2.2 lid 1 "bestaand stedelijk gebied of bestaand bedrijventerrein" zijn (en a contrario geredeneerd dus niet het buitengebied). Toch werd begin 2012 een betrekkelijk bosachtig gebied als de voormalige vliegbasis Soesterberg als zo'n ontwikkelingsgebied aangewezen.[150]

Voor een ontwikkelingsgebied kan de gemeenteraad een *gebiedsontwikkelingsplan* (GOP) vaststellen dat deel uitmaakt van het bestemmingsplan (art. 2.3 lid 1). Voor maximaal 10 jaar kan men dan afwijken van milieunormen. Deze milieunormen kunnen ook de Natuurbeschermingswet (Nbw) en de Flora- en faunawet zijn (art. 2.3 lid 5). Na die 10 jaar moet dan alsnog voldaan worden aan de geldende nationale en Europese milieunormen, maar men kan dus 10 jaar lang voorrang geven aan economische ontwikkeling (profit) en people en vooral dus planet even in de ijskast zetten.

Dit zou kunnen betekenen dat er 10 jaar lang ten behoeve van alleen economische ontwikkeling een onbalans van ecosysteemdiensten (ESDs) toegestaan en wettelijk gesauveerd wordt. Een GOP kan voorrang geven aan een

[149] *Cf.* Netwerk Groene Bureaus, *Natuurwet is onvoldragen en niet uitvoerbaar*, persbericht 23 november 2011 op www.groeneruimte.nl.

[150] Samen met Waterfront Harderwijk, Centrumplan Eerbeek/Brummen, Spoorzone Tilburg enoostelijk centrumgebied Arnhem. Zie Persbericht 13 januari 2012, *Crisis- en herstelwet permanent, vierde tranche in werking*, op www.rijksoverheid.nl.

beperkt aantal ESDs (bijvoorbeeld enkel productiediensten) met voorbijgaan aan andere diensten en/of belangen.

Men stelt een evenwicht van ESDs dus in feite uit. Iets soortgelijks gebeurde in art. 3.8 Chw ook met betrekking tot het separate regime voor stikstofdepositie. In een nieuw art. 19ia Nbw werd een apart regime voor Nbw-vergunningaanvragen opgenomen in dier voege dat wanneer geen sprake is van een toename (*stand-still*) deze (te hoge) depositie buiten beoordeling van de Nbw-vergunningaanvrage blijft. Via een planmatige (of programmatische) aanpak in het kader van op te stellen beheersplannen zou men ook hier tijdelijke overschrijding moeten accepteren. Middels het PAS (*Programmatische Aanpak Stikstofdepositie*) krijgen varkensboeren zo uitstel. Mogelijk gaat dit ook weer ten koste van andere ESDs.

Men zou hier met betrekking tot zowel GOP als PAS kunnen spreken van een beperkende toetsing op economische ontwikkeling, vooralsnog met voorbijgaan aan ecologische aspecten (Tabel 10). De Raad van State had reeds in haar wetgevingsadvies gewezen op "een contraproductieve impuls", doch de regering was juist van mening dat voldaan werd aan "een goede balans ... tussen de duurzaamheidsaspecten people, planet, profit."[151]

Tabel 10. Rechtsregimes Crisis- en herstelwet.

Beleidscategorie	Rechtsregime	
Ontwikkelingsgebieden	GOP-toets[1]	Eenzijdige toetsing op economische ontwikkeling
Stikstofdepositie	PAS-toets[2]	Eenzijdige toetsing op economische ontwikkeling

[1] Gebiedsontwikkelingsplan.

[2] Programmatische Aanpak Stikstofdepositie.

[151] *Advies RvS* 7 september 2009, W01.09.0253/1 onder punt e.6 en *Nader Rapport* regering 14 september 2009, W01.09.0253/1 onder punt e.3.

Een eerste vroege evaluatie toont aan dat de nieuwe instrumenten uit de Chw nog weinig worden gebruikt. Het oude vertrouwde bestemmingsplan is en blijft toch veruit het populairst.[152]

8.5 Raamwet Omgevingsrecht

Ook zijn er plannen om op langere termijn (delen van) bestaande en nieuwe omgevingswetgeving in een Raamwet Omgevingsrecht (ROr) op te nemen. De SVIR uit 2011 kondigt deze nieuwe wetgevingsoperatie aan, maar nog niet duidelijk was welke gedeelten van bestaande en nieuwe wetgeving hierin opgaan.

> Het ligt voor de hand dat Wro, Chw en Wabo voor een belangrijk deel in die nieuwe omgevingswet zullen opgaan. Of ook natuurwetgeving hierin verwerkt zou moeten worden, was begin 2012 nog niet duidelijk. In het Algemeen Overleg van de Vaste Kamercommissie I&M van 2 november 2011 merkt de minister van I&M hierover naar aanleiding van een vraag van een commissielid over deze toekomstige wetgeving: "Wij willen openstaan voor het feit dat in principe allerlei wetten in de omgevingswet kunnen worden opgenomen als dat noodzakelijk wordt geacht. Wij bekijken vooral of het zinvol en nuttig is om wetten op te nemen. Dat geldt ook voor de natuurwetten. Wij moeten bezien welke elementen uit die wetten echt van invloed zijn op het gebruik van de ruimte. Zaken als jachtvergunningen of regels over de in- of export van dieren wil ik helemaal niet in een omgevingswet hebben. Een en ander zou dus kunnen betekenen dat er elementen uit natuurwetten overgaan naar de omgevingswet. Het grootste deel van de natuurwetten gaat echter over heel andere zaken. Die zullen niet worden opgenomen in de omgevingswet. ... Concluderend kan ik zeggen dat wetten in de omgevingswet worden opgenomen die gebiedsgericht zijn en die ruimtelijke onderdelen hebben. Dat zijn leidende principes in de discussie die hierover wordt gevoerd."
> Wel leek de minister van plan het oude vertrouwde bestemmingsplan te vervangen door een nieuwe *omgevingsverordening*, terwijl toch juist het klassieke bestemmingsplan – ondanks alle nieuwe instrumenten van de laatste jaren – het populairste omgevingsrechtelijke instrument bleek.[153]

De vele haastig over elkaar heen buitelende wetsontwerpen (gesproken wordt zelfs van *legislatieve ADHD* en een *wetgevingstsunami*) en de wens om uitein-

[152] PBL, *Ex-durante evaluatie Wet ruimtelijke ordening: tweede rapportage*, Den Haag 2012. Zie ook: H. Bekkers, *Nut Crisis- en herstelwet beperkt*, Binnenlands bestuur 2012-3, p. 6.
[153] *Ibidem*.

delijk tot een totaal nieuw codificerend wetboek (Raamwet Omgevingsrecht) te komen geven intussen wel aan dat het groenblauwe omgevingsrecht in een onrustige transitoire fase geraakt. Mogelijk zal rechtsvernieuwing zich moeten richten op de thans heersende rechtsvindingsmethodiek in het groenblauwe omgevingsrecht.

8.6 Transitie van het groenblauwe omgevingsrecht

Wat opvalt is dat zowel bestaande als nieuwe wetgeving voortdurend blijft uitgaan van de toetsing als rechtsvindingsmethodiek; bijvoorbeeld toetsing aan ecologische criteria zoals instandhoudingsdoelstellingen (Natura 2000), wezenlijke kenmerken en waarden (EHS) of kernkwaliteiten (Nationale Landschappen en erfgoederen). Weging en dus een ESD-balans wordt daardoor rechtens tegengewerkt of zelfs geblokkeerd en rechtsdogmatisch onmogelijk gemaakt. Onderbenutting van ESDs ligt daardoor op de loer. Moet men toetsen aan uitsluitend ecologische criteria dan ligt onderbenutting van productiediensten en immatierële diensten op de loer en bij toetsing op economische criteria ligt onderbenutting van immateriële, regulerende en ondersteunende diensten op de loer.

Huidige en toekomstige regelgeving is sterk gefocust op eenzijdige behoudsparadigma's.[154] Dit kunnen natuurbehoudsparadigma's zijn zoals bij de habitattoets, Waddentoets of EHS-toets, maar het kunnen ook economische behoudsparadigma's zijn zoals bij de PAS-toets (standstill) en GOP-toets (voorrang economie op basis van het gebiedsontwikkelingsplan uit de Crisis- en herstelwet).

Door deze traditionele focus op behoudsparadigma's komt een ESD-balans in het geding en daarom zou er binnen het omgevingsrecht in het algemeen en deze groenblauwe omgevingswetgeving in het bijzonder wellicht een *Umdenken* moeten gaan plaatsvinden: een transitoire fase naar een nieuw soort omgevingsrecht met plaats voor weging van ESDs opdat geen onderbenutting daarvan wettelijk gesauveerd wordt (Figuur 11).

[154] F.H. Kistenkas, *Van toetsing naar weging. Duurzame gebiedsontwikkeling en natuurwetgeving*, Landschap 2011-1, p. 17-24. Vgl. ook: P. Opdam, *Het landschap opnieuw uitvinden*, Vakblad Natuur Bos Landschap 2011-9, p. 39-41 over landschapsdiensten.

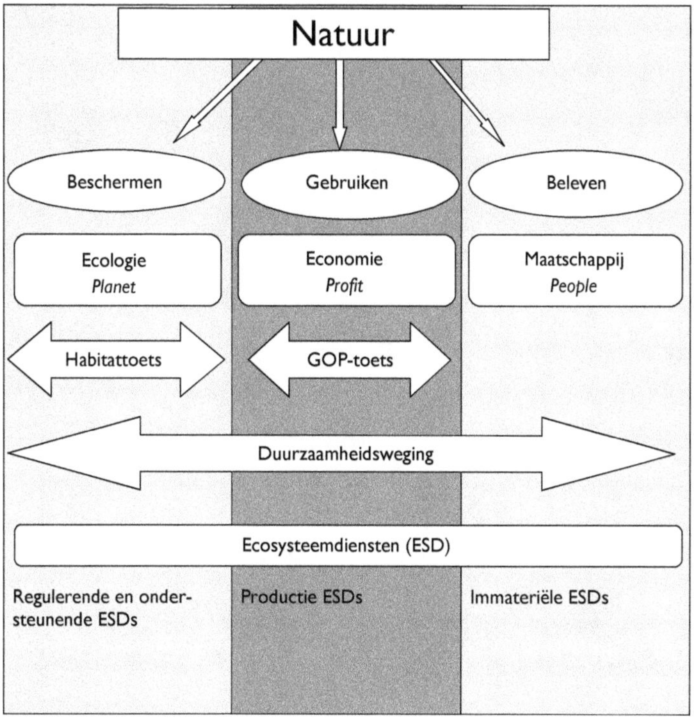

GOP: Gebiedsontwikkelingsplan

Figuur 11. Van toetsing naar weging.

Bijlage I. Beleidsstapeling (natuur en landschap)

	Beleidscategorie	Wetgeving	Concreet overheidsbesluit of beschikking	Rechtsregime
1	**Natura 2000**	Natuurbeschermingswet (Nbw)	Nbw-vergunning ex art. 19d Nbw e.v.	habitattoets (art. 19d Nbw e.v.)
2	**Natuurmonument**	Natuurbeschermingswet (Nbw)	vergunning ex art. 16 Nbw e.v.	afweging cf. art. 16 Nbw
3	**Beschermd landschapsgezicht**	Natuurbeschermingswet (Nbw)	omgevingsvergunning afhankelijk van vigerend bestemmingsplan	als de provincie zo'n beschermd landschapsgezicht heeft aangewezen dan geldt het desbetreffende beschermend bestemmingsplan (tot nog toe zijn geen provinciale beschermde landschapsgezichten bekend)
4	**Beschermde soorten**	Flora- en faunawet (Ffw)	Ffw-ontheffing ex art. 75 Ffw+AMvB	soortentoets; goedgekeurde gedragscodes kunnen vrijstelling van ontheffingsplicht opleveren
5	**Beschermde leefomgeving**	Flora- en faunawet (Ffw)	kennisgeving van handelingen als bedoeld in art. 20 Ffw aan GS (kennisgeving ex art. 26 Ffw)	hangt af van provinciale besluit tot aanwijzing ex art. 19 Ffw e.v.; tot nog toe zijn geen provinciale beschermde leefomgevingen bekend
6	**Ecologische hoofdstructuur**	AMvB Ruimte/ Barro+PRV	bestemmingsplan → omgevingsvergunning (omgevingsvergunning afhankelijk van vigerend bestemmingsplan; LIS)	nee, tenzij-toets (AMvB Ruimte/Barro en PRV)
7	**Bomenkap (buiten bebouwde kom)**	Boswet (Bsw)	melding van velling ex art. 2 Bsw; herplantplicht bij velling ex art. 3 Bsw; kapverbod mogelijk ex art. 13 Bsw	meldingsplicht geldt alleen bij velling (en dus niet bij "dunning") en geldt ook niet als sprake is van uitvoering van een bestemmingsplan (zgn. RO-gat; art. 5 en 13 lid 3 Bsw)

	Beleidscategorie	Wetgeving	Concreet overheids-besluit of beschikking	Rechtsregime
8	**Bomenkap (binnen bebouwde kom)**	kapverordening (gemeentelijke verordening)	kapvergunning (varieert per gemeente)	varieert per gemeente
9	**Nationaal Landschap**	PRV	bestemmingsplan → omgevingsvergunning (omgevingsvergunning afhankelijk van vigerend bestemmingsplan; LIS)	ja, mits-toets (ontwikkelingen mogen mits kernkwaliteiten van het gebied worden behouden of versterkt)
10	**Waddenzee**	AMvB Ruimte/ Barro	Bestemmingsplan → omgevingsvergunning (omgevingsvergunning afhankelijk van vigerend bestemmingsplan; LIS)	nee, tenzij-toets (met nee-regime cq. bouwverbod voor windturbines, inpolderingen, vliegvelden en jachthavens).
11	**Erfgoederen**	AMvB Ruimte/ Barro+PRV	Bestemmingsplan → omgevingsvergunning (omgevingsvergunning afhankelijk van vigerend bestemmingsplan; LIS)	ja, mits-toets (via PRV)
12	**IJsselmeer**	AMvB Ruimte/ Barro	bestemmingsplan → omgevingsvergunning (omgevingsvergunning afhankelijk van vigerend bestemmingsplan; LIS)	nee, tenzij-toets
13	**Kustfundament**	AMvB Ruimte/ Barro	Bestemmingsplan → omgevingsvergunning (omgevingsvergunning afhankelijk van vigerend bestemmingsplan; LIS)	nee, tenzij-toets (met relatief bouwverbod: uitzondering voor strandpaviljoens e.d.)
14	**Bro-ladder voor alle ruimtelijke besluiten**	Besluit ruimtelijke ordening (Bro)	bestemmingsplan → omgevingsvergunning	afweging (formele zorgvuldigheid) cf. aanvulling op art. 3.1.6 Bro

NB Beleidsstapeling

De rechtsregimes kunnen gestapeld van toepassing zijn: een gebied kan bijvoorbeeld zowel Natura 2000-gebied als EHS als Nationaal Landschap zijn waarbij dan ook nog eens het regime van de Boswet en/of de Ffw kan gelden. Een gebied kan echter nooit tegelijk Natura 2000 en natuurmonument zijn. Ook is er sprake van Boswet (buiten bebouwde kom) of gemeentelijke kapverordening (binnen bebouwde kom), tenzij het (bouw)plan/project deels buiten en deels binnen bebouwde kom ligt.

Bijlage II. Habitatrichtlijn

Habitatrichtlijn

EU-Richtlijn 92/43/EEG van de Raad van 21 mei 1992 inzake de instandhouding van de natuurlijke habitats en de wilde flora en fauna.

Definities

Artikel 1

In deze richtlijn wordt verstaan onder:

a. Instandhouding: een geheel van maatregelen die nodig zijn voor het behoud of herstel van natuurlijke habitats en populaties van wilde dier- en plantesoorten in een gunstige staat van instandhouding als bedoeld in de letters e en i.

b. Natuurlijke habitats: land- of waterzones met bijzondere geografische, abiotische en biotische kenmerken, en die zowel geheel natuurlijk als halfnatuurlijk kunnen zijn.

c. Typen natuurlijke habitats van communautair belang: habitats die op het in artikel 2 bedoelde grondgebied:
   1. gevaar lopen in hun natuurlijke verspreidingsgebied te verdwijnen; of
   2. een beperkt natuurlijk verspreidingsgebied hebben ten gevolge van hun achteruitgang of wegens hun intrinsiek beperkte areaal; of
   3. opmerkelijke voorbeelden zijn van een of meer van de volgende vijf biogeografische regio's: Alpiene gebied, Atlantische zone, continentale zone, Macaronesië en Middellandse-Zeegebied.

   Deze typen habitats zijn of kunnen worden opgenomen in bijlage I.

d. Prioritaire typen natuurlijke habitats: op het in artikel 2 bedoelde grondgebied voorkomende typen natuurlijke habitats die gevaar lopen te verdwijnen en voor welker instandhouding de Gemeenschap een bijzondere verantwoordelijkheid draagt omdat een belangrijk deel van hun natuurlijke verspreidingsgebied op het in artikel 2 bedoelde grondgebied ligt. Deze prioritaire typen natuurlijke habitats zijn in bijlage I met een sterretje (*) gemerkt.

e. Staat van instandhouding van een natuurlijke habitat: de som van de invloeden die op de betrokken natuurlijke habitat en de daar voorkomende typische soorten inwerken en op lange termijn een verandering kunnen bewerkstelligen in de natuurlijke verspreiding, de structuur en de functies van die habitat of die van invloed kunnen zijn op het voortbestaan op lange termijn van de betrokken typische soorten op het in artikel 2 bedoelde grondgebied.

De "staat van instandhouding" van een natuurlijke habitat wordt als "gunstig" beschouwd wanneer:

- het natuurlijke verspreidingsgebied van de habitat en de oppervlakte van die habitat binnen dat gebied stabiel zijn of toenemen, en
- de voor behoud op lange termijn nodige specifieke structuur en functies bestaan en in de afzienbare toekomst vermoedelijk zullen blijven bestaan, en
- de staat van instandhouding van de voor die habitat typische soorten gunstig is als bedoeld in letter i.

f. Habitat van een soort: een door specifieke abiotische en biotische factoren bepaald milieu waarin de soort tijdens één van de fasen van zijn biologische cyclus leeft;

g. Soorten van communautair belang: soorten die op het in artikel 2 bedoelde grondgebied:
   1. bedreigd zijn, uitgezonderd de soorten waarvan het natuurlijke verspreidingsgebied slechts een marginaal gedeelte van dat grondgebied beslaat en die in het west-palearctische gebied niet bedreigd of kwetsbaar zijn of
   2. kwetsbaar zijn, dat wil zeggen waarvan het waarschijnlijk wordt geacht dat zij in de naaste toekomst bij voortbestaan van de bedreigende factoren zullen overgaan naar de categorie van bedreigde soorten, of
   3. zeldzaam zijn, dat wil zeggen waarvan de populaties van kleine omvang zijn en die, hoewel zij momenteel noch bedreigd noch kwetsbaar zijn, in die situatie dreigen te komen. Deze soorten leven in geografische gebieden die van beperkte omvang zijn, of zijn over een grotere oppervlakte versnipperd, of
   4. endemisch zijn en bijzondere aandacht vereisen wegens het specifieke karakter van hun habitat en/of de potentiële gevolgen van hun exploitatie voor hun staat van instandhouding.

   Deze soorten zijn of kunnen worden opgenomen in bijlage II en/of IV of V.

h. Prioritaire soorten: de in letter g, onder 1, bedoelde soorten voor welker instandhouding de Gemeenschap bijzondere verantwoordelijkheid draagt omdat een belangrijk deel van hun natuurlijke verspreidingsgebied op het in artikel 2 bedoelde grondgebied ligt. Deze prioritaire soorten zijn in bijlage II met een sterretje (*) gemerkt.

i. Staat van instandhouding van een soort: het effect van de som van de invloeden die op de betrokken soort inwerken en op lange termijn een verandering kunnen bewerkstelligen in de verspreiding en de grootte van de populaties van die soort op het in artikel 2 bedoelde grondgebied.

   De "staat van instandhouding" wordt als "gunstig" beschouwd wanneer:

   - uit populatiedynamische gegevens blijkt dat de betrokken soort nog steeds een levensvatbare component is van de natuurlijke habitat waarin hij voorkomt, en dat vermoedelijk op lange termijn zal blijven, en
   - het natuurlijke verspreidingsgebied van die soort niet kleiner wordt of binnen afzienbare tijd lijkt te zullen worden, en

- er een voldoende grote habitat bestaat en waarschijnlijk zal blijven bestaan om de populaties van die soort op lange termijn in stand te houden.

j. Gebied: een geografisch bepaalde zone, waarvan de oppervlakte duidelijk is afgebakend.

k. Gebied van communautair belang: een gebied dat er in de biogeografische regio of regio's waartoe het behoort, significant toe bijdraagt een type natuurlijke habitat van bijlage I of een soort van bijlage II in een gunstige staat van instandhouding te behouden of te herstellen en ook significant kan bijdragen tot de coherentie van het in artikel 3 bedoelde Natura 2000-netwerk, en/of significant bijdraagt tot de instandhouding van de biologische diversiteit in de betrokken biogeografische regio of regio's.
Voor de diersoorten met een zeer groot territorium komen de gebieden van communautair belang overeen met de plaatsen, binnen het natuurlijke verspreidingsgebied van die soorten, die de fysische en biologische elementen vertonen welke voor hun leven en voortplanting essentieel zijn.

l. Speciale beschermingszone: een door de Lid-Staten bij een wettelijk, bestuursrechtelijk en/of op een overeenkomst berustend besluit aangewezen gebied van communautair belang waarin de instandhoudingsmaatregelen worden toegepast die nodig zijn om de natuurlijke habitats en/of de populaties van de soorten waarvoor het gebied is aangewezen, in een gunstige staat van instandhouding te behouden of te herstellen.

m. Specimen: elk dier of elke plant, levend of dood, van de in de bijlagen IV en V genoemde soorten, elk deel van een dier of plant van deze soorten of elk daaruit verkregen produkt, alsmede alle andere goederen, voor zover uit een begeleidend document, de verpakking, een merk of etiket, of uit andere omstandigheden blijkt dat het gaat om delen van dieren of planten van deze soorten of daaruit verkregen produkten.

n. Comité: het bij artikel 20 ingestelde comité.

Artikel 2

1. Deze richtlijn heeft tot doel bij te dragen tot het waarborgen van de biologische diversiteit door het instandhouden van de natuurlijke habitats en de wilde flora en fauna op het Europese grondgebied van de Lid-Staten waarop het Verdrag van toepassing is.
2. De op grond van deze richtlijn genomen maatregelen beogen de natuurlijke habitats en de wilde dier- en plantesoorten van communautair belang in een gunstige staat van instandhouding te behouden of te herstellen.
3. In de op grond van deze richtlijn genomen maatregelen wordt rekening gehouden met de vereisten op economisch, sociaal en cultureel gebied, en met de regionale en lokale bijzonderheden.

Instandhouding van de natuurlijke habitats en de habitats van soorten

Artikel 3

1. Er wordt een coherent Europees ecologisch netwerk gevormd van speciale beschermingszones, Natura 2000 genaamd. Dit netwerk, dat bestaat uit gebieden met in bijlage I genoemde typen natuurlijke habitats en habitats van in bijlage II genoemde soorten, moet de betrokken typen natuurlijke habitats en habitats van soorten in hun natuurlijke verspreidingsgebied in een gunstige staat van instandhouding behouden of in voorkomend geval herstellen.
   Het Natura 2000-netwerk bestrijkt ook de door de Lid-Staten overeenkomstig Richtlijn 79/409/EEG aangewezen speciale beschermingszones.
2. Elke Lid-Staat draagt bij tot de totstandkoming van Natura 2000 al naar gelang van de aanwezigheid op zijn grondgebied van de typen natuurlijke habitats en habitats van soorten als bedoeld in lid 1. Hij wijst daartoe, overeenkomstig artikel 4 en met inachtneming van de doelstellingen van lid 1, gebieden als speciale beschermingszones aan.
3. Waar zij zulks nodig achten, streven de Lid-Staten naar bevordering van de ecologische coherentie van Natura 2000 door het handhaven en in voorkomend geval ontwikkelen van de in artikel 10 genoemde landschapselementen die van primair belang zijn voor de wilde flora en fauna.

Artikel 4

1. Op basis van de criteria van bijlage III (fase 1) en van de relevante wetenschappelijke gegevens stelt elke Lid-Staat een lijst van gebieden voor, waarop staat aangegeven welke typen natuurlijke habitats van bijlage I en welke inheemse soorten van bijlage II in die gebieden voorkomen. Voor diersoorten met een zeer groot territorium komen deze gebieden overeen met de plaatsen, binnen het natuurljike verspreidingsgebied van die soorten, die de fysische en biologische elementen vertonen welke voor hun leven en voortplanting essentieel zijn. Voor aquatische soorten met een groot territorium worden deze gebieden alleen voorgesteld indien het mogelijk is een zone duidelijk af te bakenen die de fysische en biologische elementen vertoont welke voor hun leven en voortplanting essentieel zijn. Zo nodig stellen de Lid-Staten aanpassingen van de lijst voor in het licht van de resultaten van het in artikel 11 bedoelde toezicht.
   De lijst wordt binnen drie jaar na kennisgeving van de richtlijn aan de Commissie toegezonden met informatie over elk gebied. Deze informatie omvat een kaart, de naam, de ligging en de oppervlakte van het gebied, alsmede de gegevens die zijn verkregen uit toepassing van de in bijlage III (fase 1) vermelde criteria, en wordt verstrekt op basis van een door de Commissie volgens de procedure van artikel 21 opgesteld formulier.
2. Op basis van de in bijlage III (fase 2) vermelde criteria werkt de Commissie met instemming van iedere Lid-Staat voor elk van de vijf in artikel 1, letter c onder 3,

genoemde biogeografische regio's en voor het gehele in artikel 2, lid 1, bedoelde grondgebied aan de hand van de lijsten van de Lid-Staten een ontwerp-lijst van de gebieden van communautair belang uit, waarop staat aangegeven in welke gebieden een of meer prioritaire typen natuurlijke habitats of een of meer prioritaire soorten voorkomen.
De Lid-Staten waar de gebieden met een of meer prioritaire typen natuurlijke habitats en een of meer prioritaire soorten in oppervlakte meer dan 5% van het nationale grondgebied beslaan, kunnen, met instemming van de Commissie, verzoeken dat de criteria van bijlage III (fase 2) voor de selectie van alle gebieden van communautair belang op hun grondgebied flexibeler worden toegepast.
De lijst van gebieden van communautair belang, waarop de gebieden met een of meer prioritaire typen natuurlijke habitats of een of meer prioritaire soorten staan aangegeven, wordt door de Commissie vastgesteld volgens de procedure van artikel 21.

3. De in lid 2 genoemde lijst wordt binnen zes jaar na de kennisgeving van deze richtlijn vastgesteld.
4. Wanneer een gebied volgens de procedure van lid 2 tot een gebied van communautair belang is verklaard, wijst de betrokken Lid-Staat dat gebied zo spoedig mogelijk, doch uiterlijk binnen zes jaar, aan als speciale beschermingszone en stelt hij tevens de prioriteiten vast gelet op het belang van de gebieden voor het in een gunstige staat van instandhouding behouden of herstellen van een type natuurlijke habitat van bijlage I of van een soort van bijlage II alsmede voor de coherentie van Natura 2000 en gelet op de voor dat gebied bestaande dreiging van achteruitgang en vernietiging.
5. Zodra een gebied op de in lid 2, derde alinea, bedoelde lijst is geplaatst, gelden voor dat gebied de bepalingen van artikel 6, leden 2, 3 en 4.

Artikel 5

1. In uitzonderlijke gevallen, wanneer de Commissie constateert dat een gebied met een prioritair type natuurlijke habitat of een prioritaire soort die haar op grond van relevante en betrouwbare wetenschappelijke informatie onontbeerlijk lijkt voor het behoud van dat prioritaire type natuurlijke habitat of het voortbestaan van die prioritaire soort, ontbreekt op een nationale lijst als bedoeld in artikel 4, lid 1, wordt een procedure voor bilateraal overleg tussen deze Lid-Staat en de Commissie geopend om de door beide partijen gebruikte wetenschappelijke gegevens te vergelijken.
2. Indien het meningsverschil na een overlegperiode van ten hoogste zes maanden niet is opgelost, zendt de Commissie de Raad een voorstel toe betreffende de selectie van dat gebied als gebied van communautair belang.
3. De Raad spreekt zich binnen drie maanden na de indiening van het voorstel met eenparigheid van stemmen uit.
4. Gedurende de overlegperiode en in afwachting van een besluit van de Raad is het betrokken gebied onderworpen aan de bepalingen van artikel 6, lid 2.

Artikel 6

1. De Lid-Staten treffen voor de speciale beschermingszones de nodige instandhoudingsmaatregelen; deze behelzen zo nodig passende specifieke of van ruimtelijke-ordeningsplannen deel uitmakende beheersplannen en passende wettelijke, bestuursrechtelijke of op een overeenkomst berustende maatregelen, die beantwoorden aan de ecologische vereisten van de typen natuurlijke habitats van bijlage I en de soorten van bijlage II die in die gebieden voorkomen.
2. De Lid-Staten treffen passende maatregelen om ervoor te zorgen dat de kwaliteit van de natuurlijke habitats en de habitats van soorten in de speciale beschermingszones niet verslechtert en er geen storende factoren optreden voor de soorten waarvoor de zones zijn aangewezen voor zover die factoren, gelet op de doelstellingen van deze richtlijn een significant effect zouden kunnen hebben.
3. Voor elk plan of project dat niet direct verband houdt met of nodig is voor het beheer van het gebied, maar afzonderlijk of in combinatie met andere plannen of projecten significante gevolgen kan hebben voor zo'n gebied, wordt een passende beoordeling gemaakt van de gevolgen voor het gebied, rekening houdend met de instandhoudingsdoelstellingen van dat gebied. Gelet op de conclusies van de beoordeling van de gevolgen voor het gebied en onder voorbehoud van het bepaalde in lid 4, geven de bevoegde nationale instanties slechts toestemming voor dat plan of project nadat zij de zekerheid hebben verkregen dat het de natuurlijke kenmerken van het betrokken gebied niet zal aantasten en nadat zij in voorkomend geval inspraakmogelijkheden hebben geboden.
4. Indien een plan of project, ondanks negatieve conclusies van de beoordeling van de gevolgen voor het gebied, bij ontstentenis van alternatieve oplossingen, om dwingende redenen van groot openbaar belang, met inbegrip van redenen van sociale of economische aard, toch moet worden gerealiseerd, neemt de Lid-Staat alle nodige compenserende maatregelen om te waarborgen dat de algehele samenhang van Natura 2000 bewaard blijft. De Lid-Staat stelt de Commissie op de hoogte van de genomen compenserende maatregelen.

   Wanneer het betrokken gebied een gebied met een prioritair type natuurlijke habitat en/of een prioritaire soort is, kunnen alleen argumenten die verband houden met de menselijke gezondheid, de openbare veiligheid of met voor het milieu wezenlijke gunstige effecten dan wel, na advies van de Commissie, andere dwingende redenen van groot openbaar belang worden aangevoerd.

Artikel 7

De uit artikel 6, leden 2, 3 en 4, voortvloeiende verplichtingen komen in de plaats van de verplichtingen die voortvloeien uit artikel 4, lid 4, eerste zin, van Richtlijn 79/409/EEG, voor wat betreft de speciale beschermingszones die overeenkomstig artikel 4, lid 1, van die richtlijn zijn aangewezen of bij analogie overeenkomstig artikel 4, lid 2, van die richtlijn zijn erkend, zulks vanaf de datum van toepassing van de onderhavige richtlijn, dan wel vanaf de datum van de aanwijzing of erkenning door een Lid-Staat overeenkomstig Richtlijn 79/409/EEG, indien deze datum later valt.

Artikel 8

1. Samen met hun voorstellen voor gebieden die vermoedelijk zullen worden aangewezen als speciale beschermingszones met prioritaire typen natuurlijke habitats en/of prioritaire soorten, doen de Lid-Staten de Commissie in voorkomend geval hun ramingen toekomen betreffende de communautaire co-financiering die zij nodig achten om aan hun verplichtingen uit hoofde van artikel 6, lid 1, te kunnen voldoen.
2. In overeenstemming met elke betrokken Lid-Staat stelt de Commissie vast welke maatregelen voor gebieden van communautair belang waarvoor om co-financiering is verzocht, van essentieel belang zijn voor het behoud of herstel in een gunstige staat van instandhouding van de prioritaire typen natuurlijke habitats en prioritaire soorten in de betrokken gebieden en wat de totale kosten van die maatregelen zijn.
3. De Commissie maakt in overeenstemming met de betrokken Lid-Staat een raming van de financiering, inclusief co-financiering, die voor de uitvoering van de in lid 2 bedoelde maatregelen nodig is en houdt daarbij onder andere rekening met de concentratie van prioritaire natuurlijke habitats en/of prioritaire soorten op het grondgebied van die Lid-Staat en met de relatieve lasten die de benodigde maatregelen met zich brengen.
4. De Commissie stelt aan de hand van de in de leden 2 en 3 bedoelde raming, rekening houdend met de financieringsbronnen die uit hoofde van de relevante communautaire instrumenten beschikbaar zijn, volgens de procedure van artikel 21, een prioritair actiekader vast van voor co-financiering in aanmerking komende maatregelen die genomen moeten worden wanneer het gebied overeenkomstig artikel 4, lid 4, wordt aangewezen.
5. De maatregelen die bij gebrek aan voldoende middelen niet in het actiekader zijn opgenomen, worden, evenals de maatregelen van bovengenoemd actiekader die niet voor de noodzakelijke co-financiering of slechts voor een gedeeltelijke co-financiering in aanmerking zijn gekomen, overeenkomstig de procedure van artikel 21 in het kader van de om de twee jaar plaatsvindende herziening van het actiekader opnieuw bezien en kunnen in afwachting van deze herziening door de Lid-Staten worden uitgesteld. Bij deze herziening wordt in voorkomend geval rekening gehouden met de nieuwe situatie in het betrokken gebied.
6. In gebieden waarin de maatregelen die afhangen van co-financiering zijn uitgesteld, onthouden de Lid-Staten zich van alle nieuwe maatregelen die wellicht tot achteruitgang van die gebieden zullen leiden.

Artikel 9

De Commissie evalueert volgens de procedure van artikel 21 periodiek de bijdrage van Natura 2000 tot de verwezenlijking van de in de artikelen 2 en 3 genoemde doelstellingen. In dit verband kan, wanneer de natuurlijke ontwikkeling, zoals die blijkt uit het in artikel 11 bedoelde toezicht, dat rechtvaardigt, worden overwogen om een speciale beschermingszone haar status te ontnemen.

Artikel 10

Wanneer de Lid-Staten zulks in verband met hun ruimtelijke-ordeningsbeleid en hun ontwikkelingsbeleid nodig achten, en met name om Natura 2000 ecologisch meer coherent te maken, streven zij ernaar een adequaat beheer te bevorderen van landschapselementen die van primair belang zijn voor de wilde flora en fauna.
Het gaat daarbij om elementen die door hun lineaire en continue structuur (zoals waterlopen met hun oevers of traditionele systemen van terreinbegrenzing) of hun verbindingsfunctie (zoals vijvers of bosjes) essentieel zijn voor de migratie, de geografische verdeling en de genetische uitwisseling van wilde soorten.

Artikel 11

De Lid-Staten zien toe op de staat van instandhouding van de in artikel 2 bedoelde soorten en natuurlijke habitats, waarbij zij bijzondere aandacht schenken aan de prioritaire typen natuurlijke habitats en de prioritaire soorten.

Bescherming van de soorten

Artikel 12

1. De Lid-Staten treffen de nodige maatregelen voor de instelling van een systeem van strikte bescherming van de in bijlage IV, letter a), vermelde diersoorten in hun natuurlijke verspreidingsgebied, waarbij een verbod wordt ingesteld op:
   a. het opzettelijk vangen of doden van in het wild levende specimens van die soorten;
   b. het opzettelijk verstoren van die soorten, vooral tijdens de perioden van voortplanting, afhankelijkheid van de jongen, overwintering en trek;
   c. het opzettelijk vernielen of rapen van eieren in de natuur;
   d. de beschadiging of de vernieling van de voortplantings- of rustplaatsen.
2. Met betrekking tot deze soorten verbieden de Lid-Staten het in bezit hebben, vervoeren, verhandelen of ruilen en het te koop of in ruil aanbieden van aan de natuur onttrokken specimens, uitgezonderd die welke reeds legaal waren onttrokken vóór de toepassing van deze richtlijn.
3. De in lid 1, letters a en b, en in lid 2 opgenomen verbodsbepalingen gelden ongeacht de levensfase waarin de in dit artikel bedoelde dieren zich bevinden.
4. De Lid-Staten stellen een systeem in van toezicht op het bij toeval vangen en doden van de diersoorten, genoemd in bijlage IV, letter a. In het licht van de verkregen gegevens verrichten de Lid-Staten de verdere onderzoekwerkzaamheden of treffen zij de instandhoudingsmaatregelen die nodig zijn om te verzekeren dat het bij toeval vangen en doden geen significante negatieve weerslag heeft op de betrokken soorten.

Artikel 13

1. De Lid-Staten treffen de nodige maatregelen voor de instelling van een systeem van strikte bescherming van de in bijlage IV, letter b, vermelde plantesoorten, waarbij een verbod wordt ingesteld op:
   a. het opzettelijk plukken en verzamelen, afsnijden, ontwortelen of vernielen van specimens van de genoemde soorten in de natuur, in hun natuurlijke verspreidingsgebied;
   b. het in bezit hebben, vervoeren, verhandelen of ruilen en het te koop of in ruil aanbieden van aan de natuur onttrokken specimens van de genoemde soorten, uitgezonderd die welke reeds legaal waren onttrokken vóór de toepassing van deze richtlijn.
2. De in lid 1, letters a en b, opgenomen verbodsbepalingen gelden ongeacht de fase van de biologische cyclus waarin de in dit artikel bedoelde planten zich bevinden.

Artikel 14

1. Indien de Lid-Staten zulks op grond van het in artikel 11 genoemde toezicht nodig achten, treffen zij de nodige maatregelen om ervoor te zorgen dat het aan de natuur onttrekken en de exploitatie van specimens van de in bijlage V genoemde wilde dier- en plantesoorten verenigbaar zijn met het behoud van die soorten in een gunstige staat van instandhouding.
2. Indien dergelijke maatregelen nodig worden geacht, moeten zij de voortzetting van het in artikel 11 genoemde toezicht omvatten. Voorts kunnen zij met name behelzen:
   - voorschriften betreffende de toegang tot bepaalde terreinen;
   - een tijdelijk of plaatselijk verbod op het onttrekken van specimens aan de natuur en het exploiteren van bepaalde populaties;
   - voorschriften omtrent de onttrekkingsperioden en/of -wijzen;
   - het bij de onttrekking toepassen van jacht- en visserijregels die beantwoorden aan de eisen van instandhouding;
   - instelling van een stelsel van onttrekkingsvergunningen of quota;
   - voorschriften betreffende het kopen, het verkopen, het te koop aanbieden, het in bezit hebben en het vervoeren voor verkoop van specimens;
   - het in gevangenschap fokken van diersoorten alsmede de kunstmatige vermeerdering van plantesoorten onder strikt gecontroleerde omstandigheden om de onttrekking van die soorten aan de natuur te verminderen;
   - de beoordeling van het effect van de getroffen maatregelen.

Artikel 15

Wat betreft het vangen of doden van in bijlage V, letter a, genoemde wilde diersoorten verbieden de Lid-Staten, in gevallen waarin overeenkomstig artikel 16 afwijkingen worden toegepast voor het aan de natuur onttrekken, het vangen of het doden van de in bijlage IV, letter a, genoemde soorten, alle niet-selectieve middelen die de plaatselijke verdwijning of ernstige verstoring van de rust van de populaties van deze soorten tot gevolg kunnen hebben, en in het bijzonder:

a. het gebruik van de middelen voor het vangen en het doden die worden genoemd in bijlage VI, letter a;
b. elke vorm van vangen en doden vanuit de in bijlage VI, letter b, genoemde vervoermiddelen.

Artikel 16

1. Wanneer er geen andere bevredigende oplossing bestaat en op voorwaarde dat de afwijking geen afbreuk doet aan het streven de populaties van de betrokken soort in hun natuurlijke verspreidingsgebied in een gunstige staat van instandhouding te laten voortbestaan, mogen de. Lid-Staten afwijken van het bepaalde in de artikelen 12, 13, 14 en 15, letters a en b:
   a. in het belang van de bescherming van de wilde flora en fauna en van de instandhouding van de natuurlijke habitats;
   b. ter voorkoming van ernstige schade aan met name de gewassen, veehouderijen, bossen, visgronden en wateren en andere vormen van eigendom;
   c. in het belang van de volksgezondheid en de openbare veiligheid of om andere dwingende redenen van groot openbaar belang, met inbegrip van redenen van sociale of economische aard, en voor het milieu wezenlijke gunstige effecten;
   d. ten behoeve van onderzoek en onderwijs, repopulatie en herintroductie van deze soorten, alsmede voor de daartoe benodigde kweek, met inbegrip van de kunstmatige vermeerdering van planten;
   e. ten einde het onder strikt gecontroleerde omstandigheden mogelijk te maken op selectieve wijze en binnen bepaalde grenzen een beperkt, door de bevoegde nationale instanties vastgesteld aantal van bepaalde specimens van de in bijlage IV genoemde soorten te vangen, te plukken of in bezit te hebben.
2. De Lid-Staten zenden de Commissie om de twee jaar een verslag toe conform het door het comité opgestelde model over de op grond van lid 1 toegestane afwijkingen. De Commissie geeft uiterlijk binnen twaalf maanden na ontvangst van het verslag haar mening over die afwijkingen en stelt het comité daarvan op de hoogte.
3. In het verslag moet het volgende worden vermeld:
   a. voor welke soorten en om welke reden de afwijking is toegestaan, met inbegrip van de aard van het risico, met in voorkomend geval een opgave van de alternatieve oplossingen die niet zijn gekozen en van de gebruikte wetenschappelijke gegevens;
   b. welke middelen, inrichtingen of methoden mogen worden gebruikt voor het vangen of doden en om welke redenen;
   c. waar en wanneer dergelijke afwijkingen worden toegestaan;

d. welke autoriteit de bevoegdheid heeft om te verklaren en te controleren dat aan de desbetreffende voorwaarden is voldaan en om te beslissen welke middelen, inrichtingen of methoden mogen worden gebruikt, door welke diensten en binnen welke grenzen, en wie met de uitvoering belast zijn;
e. welke controlemaatregelen er zijn genomen en welke resultaten er zijn verkregen.

Informatie

Artikel 17

1. Na afloop van de in artikel 23 bedoelde periode stellen de Lid-Staten om de zes jaar een verslag op over de toepassing van de in het kader van deze richtlijn genomen maatregelen. Dat verslag bevat met name informatie over de in artikel 6, lid 1, bedoelde instandhoudingsmaatregelen, alsmede een beoordeling van het effect van die maatregelen op de staat van instandhouding van de typen natuurlijke habitats van bijlage I en de soorten van bijlage II en de voornaamste resultaten van het in artikel 11 bedoelde toezicht. Het verslag wordt in een redactie conform het door het comité opgestelde model aan de Commissie toegezonden en openbaar gemaakt.
2. De Commissie stelt op basis van de in lid 1 bedoelde verslagen een samenvattend verslag op. Dit verslag bevat een passende beoordeling van de gemaakte vorderingen en in het bijzonder van de bijdrage van Natura 2000 tot de verwezenlijking van de in artikel 3 genoemde doelstellingen. Het gedeelte van het ontwerp-verslag dat betrekking heeft op de door een Lid-Staat verstrekte gegevens wordt ter verificatie aan de autoriteiten van die Lid-Staat toegestuurd. De eindversie van het verslag wordt, na aan het comité te zijn voorgelegd, uiterlijk twee jaar na ontvangst van de in lid 1 bedoelde verslagen gepubliceerd door de Commissie en toegezonden aan de Lid-Staten, het Europese Parlement, de Raad en het Economisch en Sociaal Comité.
3. De Lid-Staten kunnen de krachtens deze richtlijn aangewezen zones aangeven door middel van daartoe door het comité ontworpen communautaire borden.

Onderzoek

Artikel 18

1. De Lid-Staten en de Commissie bevorderen onderzoek en wetenschappelijk werk dat met het oog op de in artikel 2 genoemde doelstellingen en de in artikel 11 bedoelde verplichting nodig is. Ten behoeve van een goede coördinatie van het onderzoek dat in de Lid-Staten en op communautair niveau wordt verricht, wisselen zij gegevens uit.
2. Zij besteden daarbij bijzondere aandacht aan het wetenschappelijk werk dat nodig is om uitvoering te geven aan de artikelen 4 en 10 en stimuleren het onderzoek in grensoverschrijdend samenwerkingsverband tussen de Lid-Staten.

Wijziging van de bijlagen

Artikel 19

Wijzigingen die nodig zijn om de bijlagen I, II, III, V en VI van deze richtlijn aan de technische en wetenschappelijke vooruitgang aan te passen, worden op voorstel van de Commissie met gekwalificeerde meerderheid van stemmen door de Raad vastgesteld.
Wijzigingen die nodig zijn om bijlage IV van deze richtlijn aan de technische en wetenschappelijke vooruitgang aan te passen, worden op voorstel van de Commissie met eenparigheid van stemmen door de Raad vastgesteld.

Comité

Artikel 20

De Commissie wordt bijgestaan door een comité bestaande uit vertegenwoordigers van de Lid-Staten en voorgezeten door de vertegenwoordiger van de Commissie.

Artikel 21

1. De vertegenwoordiger van de Commissie legt het comité een ontwerp voor van de te nemen maatregelen. Het comité brengt advies uit over dit ontwerp binnen een termijn die de voorzitter kan vaststellen al naar gelang van de urgentie van de materie. Het comité spreekt zich uit met de meerderheid van stemmen die in artikel 148, lid 2, van het Verdrag is voorgeschreven voor de aanneming van de besluiten die de Raad op voorstel van de Commissie dient te nemen. Bij de stemming in het comité worden de stemmen van de vertegenwoordigers van de Lid-Staten gewogen overeenkomstig genoemd artikel. De voorzitter neemt niet aan de stemming deel.
2. De Commissie stelt de beoogde maatregelen vast wanneer zij in overeenstemming zijn met het advies van het comité.
   Wanneer de beoogde maatregelen niet in overeenstemming zijn met het advies van het comité of indien geen advies is uitgebracht, dient de Commissie onverwijld bij de Raad een voorstel in betreffende de te nemen maatregelen. De Raad besluit met gekwalificeerde meerderheid van stemmen.
   Indien de Raad drie maanden na de indiening van het voorstel bij de Raad geen besluit heeft genomen, worden de voorgestelde maatregelen door de Commissie vastgesteld.

Aanvullende bepalingen

Artikel 22

Bij de uitvoering van deze richtlijn dienen de Lid-Staten:

a. na te gaan of herintroductie van de inheemse soorten van bijlage IV wenselijk is, wanneer die kan bijdragen tot de instandhouding van die soorten, op voorwaarde dat een onderzoek, waarbij ook rekening wordt gehouden met de ter zake in andere Lid-Staten of elders opgedane ervaring, heeft uitgewezen dat die herintroductie een doeltreffende bijdrage is tot het herstel van een gunstige staat van instandhouding voor die soorten en eerst na passende raadpleging van de belanghebbenden plaatsvindt;

b. erop toe te zien dat de opzettelijke introductie in de vrije natuur van een soort die op hun grondgebied niet inheems is, zodanig aan voorschriften wordt gebonden dat daardoor geen schade wordt toegebracht aan de natuurlijke habitats in hun natuurlijke verspreidingsgebied of aan de inheemse wilde flora en fauna, en een dergelijke introductie te verbieden indien zij zulks nodig achten (de resultaten van de verrichte evaluaties worden ter informatie aan het comité gezonden);

c. zich in te zetten voor bevolkingseducatie en algemene voorlichting aangaande de noodzaak wilde dier- en plantesoorten te beschermen en hun habitats alsmede de natuurlijke habitats in stand te houden.

Slotbepalingen

Artikel 23

1. De Lid-Staten doen de nodige wettelijke en bestuursrechtelijke bepalingen in werking treden om binnen twee jaar na kennisgeving van deze richtlijn aan deze richtlijn te voldoen. Zij stellen de Commissie daarvan onverwijld in kennis.
2. Wanneer de Lid-Staten die bepalingen aannemen, wordt daarin of bij de officiële bekendmaking daarvan naar deze richtlijn verwezen. De regels voor deze verwijzing worden vastgesteld door de Lid-Staten.
3. De Lid-Staten delen de Commissie de tekst van de belangrijke bepalingen van intern recht mede die zij op het onder deze richtlijn vallende gebied vaststellen.

Artikel 24

Deze richtlijn is gericht tot de Lid-Staten.

Gedaan te Brussel, 21 mei 1992.

Bijlage III. Art. 19d e.v. Natuurbeschermingswet (habitattoets)

Artikel 19d

1. Het is verboden zonder vergunning, of in strijd met aan die vergunning verbonden voorschriften of beperkingen, van gedeputeerde staten of, ten aanzien van projecten of andere handelingen als bedoeld in het vierde lid, van Onze Minister, projecten of andere handelingen te realiseren onderscheidenlijk te verrichten die gelet op de instandhoudingsdoelstelling, met uitzondering van de doelstellingen, bedoeld in art. 10a lid 3, de kwaliteit van de natuurlijke habitats en de habitats van soorten in een Natura 2000-gebied kunnen verslechteren of een significant verstorend effect kunnen hebben op de soorten waarvoor het gebied is aangewezen. Zodanige projecten of andere handelingen zijn in ieder geval projecten of handelingen die de natuurlijke kenmerken van het desbetreffende gebied kunnen aantasten.
2. Het verbod, bedoeld in het eerste lid, is niet van toepassing op het realiseren van projecten of het verrichten van andere handelingen overeenkomstig een beheerplan als bedoeld in de artikelen 19a of 19b.
3. Het verbod, bedoeld in het eerste lid, is niet van toepassing op bestaand gebruik, behoudens indien dat gebruik een project is dat niet direct verband houdt met of nodig is voor het beheer van een Natura 2000-gebied maar dat afzonderlijk of in combinatie met andere projecten of plannen significante gevolgen kan hebben voor het desbetreffende Natura 2000-gebied.
4. Het verbod, bedoeld in het eerste lid, is niet van toepassing op het realiseren van projecten of het verrichten van andere handelingen die zijn toegestaan krachtens een omgevingsvergunning die met toepassing van hoofdstuk IX is verleend.
5. Bij algemene maatregel van bestuur kunnen projecten of andere handelingen of categorieën van gebieden worden aangewezen waarvoor een vergunning als bedoeld in het eerste lid wordt verleend door Onze Minister.
6. De voordracht voor een krachtens het vierde lid vast te stellen algemene maatregel van bestuur wordt niet eerder gedaan dan vier weken nadat het ontwerp aan beide kamers der Staten-Generaal is overgelegd.

Artikel 19da

1. Bij algemene maatregel van bestuur kan worden bepaald dat het verbod, bedoeld in art. 19d lid 1, niet van toepassing is op bepaalde categorieën van projecten of andere handelingen.

2. Bij algemene maatregel van bestuur kan worden bepaald dat Onze Minister met betrekking tot projecten en andere handelingen behorende tot een categorie als bedoeld in het eerste lid beperkingen of verplichtingen kan opleggen.
3. Een krachtens het eerste of tweede lid vastgestelde algemene maatregel van bestuur treedt niet eerder in werking dan zes weken na de datum van uitgifte van het Staatsblad waarin hij is geplaatst. Van plaatsing wordt onverwijld mededeling gedaan aan de beide Kamers der Staten-Generaal.

Artikel 19e

Gedeputeerde staten houden bij het verlenen van een vergunning als bedoeld in art. 19d lid 1, rekening

a. met de gevolgen die een project of andere handeling, waarop de vergunningaanvraag betrekking heeft, gelet op de instandhoudingsdoelstelling, met uitzondering van de doelstellingen, bedoeld in art. 10a lid 3, kan hebben voor een Natura 2000-gebied;
b. met een op grond van art. 19a of art. 19b vastgesteld beheerplan, en
c. vereisten op economisch, sociaal en cultureel gebied, alsmede regionale en lokale bijzonderheden.

Artikel 19f

1. Voor projecten waarover gedeputeerde staten een besluit op een aanvraag voor een vergunning als bedoeld in art. 19d lid 1, nemen, en die niet direct verband houden met of nodig zijn voor het beheer van een Natura 2000-gebied maar die afzonderlijk of in combinatie met andere projecten of plannen significante gevolgen kunnen hebben voor het desbetreffende gebied, maakt de initiatiefnemer alvorens gedeputeerde staten een besluit nemen, een passende beoordeling van de gevolgen voor het gebied waarbij rekening wordt gehouden met de instandhoudingsdoelstelling, met uitzondering van de doelstellingen, bedoeld in art. 10a lid 3, van dat gebied.
2. De passende beoordeling terzake van een besluit op een aanvraag voor een vergunning als bedoeld in art. 19d lid 1, kan onderdeel uitmaken van een voor dat project voorgeschreven milieueffectrapportage.
3. De verplichting tot het maken van een passende beoordeling bij de voorbereiding van een besluit als bedoeld in het eerste lid, geldt niet in gevallen waarin degene die een project waarop dat besluit betrekking heeft, onderneemt, daarmee een project ten aanzien waarvan reeds eerder een passende beoordeling is gemaakt, herhaalt of voortzet, voorzover de passende beoordeling redelijkerwijs geen nieuwe gegevens en inzichten kan opleveren omtrent de significante gevolgen van dat project.

Artikel 19g

1. Indien een passende beoordeling is voorgeschreven op grond van art. 19f lid 1, kan een vergunning als bedoeld in art. 19d lid 1, slechts worden verleend indien gedeputeerde

staten zich op grond van de passende beoordeling ervan hebben verzekerd dat de natuurlijke kenmerken van het gebied niet zullen worden aangetast.

2. In afwijking van het eerste lid kunnen bij ontstentenis van alternatieve oplossingen voor een project gedeputeerde staten ten aanzien van Natura 2000-gebieden waar geen prioritair type natuurlijke habitat of prioritaire soort voorkomt, een vergunning als bedoeld in art. 19d lid 1, voor het realiseren van het desbetreffende project, slechts verlenen om dwingende redenen van groot openbaar belang met inbegrip van redenen van sociale of economische aard.
3. Ten aanzien van Natura 2000-gebieden waar een prioritair type natuurlijke habitat of een prioritaire soort voorkomt, kunnen gedeputeerde staten bij ontstentenis van alternatieve oplossingen voor een project of andere handeling, in afwijking van het eerste lid, een vergunning als bedoeld in art. 19d lid 1, voor het realiseren van het desbetreffende project, slechts verlenen:
   a. op argumenten die verband houden met de menselijke gezondheid, de openbare veiligheid of voor het milieu wezenlijke gunstige effecten of
   b. na advies van de Commissie van de Europese Gemeenschappen om andere dwingende redenen van groot openbaar belang.
4. Een advies als bedoeld in het derde lid, onderdeel b, wordt door Onze Minister gevraagd.

Artikel 19h

1. Indien een vergunning als bedoeld in art. 19d lid 1, om dwingende redenen van groot openbaar belang wordt verleend voor het realiseren van projecten, waarvan niet met zekerheid vaststaat dat die projecten de natuurlijke kenmerken van het Natura 2000-gebied niet aantasten, verbinden gedeputeerde staten aan die vergunning in ieder geval het voorschrift inhoudende de verplichting compenserende maatregelen te treffen.
2. De initiatiefnemer wordt door gedeputeerde staten tijdig tevoren in de gelegenheid gesteld om voorstellen voor compenserende maatregelen te doen.
3. In de voorstellen voor compenserende maatregelen, bedoeld in het tweede lid, wordt in ieder geval opgenomen op welke wijze en in welk tijdsbestek de compenserende maatregelen zullen worden getroffen.
4. Voor zover compenserende maatregelen worden voorgeschreven met het oog op de doelstellingen, bedoeld in art. 10a lid 2 sub a of sub b, dient het met deze maatregelen beoogde resultaat te zijn bereikt op het tijdstip waarop significante gevolgen als bedoeld in art. 19f lid 1, zich voordoen, tenzij kan worden aangetoond dat deze gelijktijdigheid niet noodzakelijk is om de bijdrage van het betrokken gebied aan Natura 2000 veilig te stellen.
5. Bij ministeriële regeling kan Onze Minister in overeenstemming met Onze andere Ministers, wie het mede aangaat nadere eisen stellen ten aanzien van compenserende maatregelen.

Bijlage IV. AMvB Ruimte

AMvB Ruimte (*onderdeel Waddenzee*)

Besluit algemene regels ruimtelijke ordening

Titel 2.5 Waddenzee en waddengebied

Artikel 2.5.1 (begripsomschrijvingen)

In deze titel en de daarop berustende bepalingen wordt verstaan onder:
jachthaven: haven die naar zijn aard en inrichting bedoeld en geschikt is voor het in hoofdzaak aanleggen of aangelegd houden van pleziervaartuigen;
nieuwe bebouwing: oprichten van bouwwerken, anders dan het vervangen van bouwwerken door bouwwerken van gelijke aard, omvang en karakter;
stedelijk gebied: bij bestemmingsplan toegelaten stedenbouwkundig samenstel van bebouwing ten behoeve van wonen, dienstverlening, bedrijvigheid, detailhandel en horeca, alsmede de daarbij behorende openbare of sociaal culturele voorzieningen, stedelijk groen en infrastructuur, met uitzondering van lineaire bebouwing langs wegen, waterwegen of dijken;
vliegveld: terrein dat naar zijn aard en inrichting bedoeld en geschikt is voor het doen opstijgen en landen van gemotoriseerde burgerluchtvaartuigen, met uitzondering van de daartoe behorende bouwwerken;
waddengebied: gebied als bedoeld in artikel 2.5.3, eerste lid;
Waddenzee: gebied als bedoeld in artikel 2.5.3, tweede lid.

Artikel 2.5.2 (landschappelijke en cultuurhistorische kwaliteiten Waddenzee)

1 Als landschappelijke kwaliteiten van de Waddenzee worden aangemerkt de rust, weidsheid, open horizon en natuurlijkheid met inbegrip van de duisternis.
2. Als cultuurhistorische kwaliteiten van de Waddenzee worden aangemerkt:
   a. de in de bodem aanwezige archeologische waarden; en
   b. de overige voor het gebied kenmerkende cultuurhistorische structuren en elementen, bestaande uit:
      1. historische scheepswrakken;
      2. verdronken en onderslibde nederzettingen en ontginningssporen, waaronder de dam Ameland-Holwerd;
      3. zeedijken en de daaraan verbonden historische sluizen, waaronder het ensemble Afsluitdijk;
      4. landaanwinningswerken;
      5. systeem van stuifdijken;

6. systeem van historische vaar- en uitwateringsgeulen, en
7. kapen.

Artikel 2.5.3 (aanwijzing en begrenzing waddengebied en Waddenzee)

1. Als waddengebied wordt aangewezen het gebied waarvan de geometrische plaatsbepaling is vastgelegd in het GML-bestand en is verbeeld op kaart 7.
2. Als Waddenzee wordt aangewezen het gebied binnen het waddengebied, waarvan de geometrische plaatsbepaling is vastgelegd in het GML-bestand en is verbeeld op kaart 7.

Artikel 2.5.4 (beoordeling)

1. Bij de voorbereiding van een bestemmingsplan dat betrekking heeft op de Waddenzee en dat gebruik of bebouwing mogelijk maakt, die afzonderlijk of in combinatie met ander gebruik of andere bebouwing significante gevolgen kan hebben voor de landschappelijke of cultuurhistorische kwaliteiten, bedoeld in artikel 2.5.2, wordt een beoordeling gemaakt van de gevolgen voor die kwaliteiten van het gebied.
2. De beoordeling kan onderdeel uitmaken van een voor dat bestemmingsplan voorgeschreven milieueffectrapportage of van een passende beoordeling als bedoeld in de Natuurbeschermingswet 1998.
3. Het eerste lid is niet van toepassing indien voor het gebruik of de bebouwing waarop dat voorgenomen bestemmingsplan betrekking heeft, reeds eerder een beoordeling is gemaakt en voor zover een nieuwe beoordeling redelijkerwijs geen nieuwe gegevens en inzichten kan opleveren omtrent de desbetreffende significante gevolgen.

Artikel 2.5.5 (nee-tenzij)

1. Een bestemmingsplan dat betrekking heeft op de Waddenzee maakt ten opzichte van het daaraan voorafgaande bestemmingsplan geen nieuw gebruik of nieuwe bebouwing dan wel wijziging van bestaand gebruik of bestaande bebouwing mogelijk die significante negatieve gevolgen kan hebben voor de landschappelijke of cultuurhistorische kwaliteiten, bedoeld in artikel 2.5.2.
2. Als gebruik of bebouwing met significante negatieve gevolgen wordt in ieder geval aangemerkt gebruik dat of bebouwing die de landschappelijke of cultuurhistorische kwaliteiten aantast of bedreigt.
3. Het eerste lid is niet van toepassing indien verzekerd is dat:
   a. sprake is van zwaarwegende redenen van groot openbaar belang, waaronder worden begrepen redenen van sociale of economische aard, argumenten die verband houden met de menselijke gezondheid, de openbare veiligheid of bereikbaarheid of sprake is van voor het milieu wezenlijk gunstige effecten;
   b. geen reële alternatieven voor handen zijn voor de noodzakelijk geachte activiteiten; en
   c. de optredende schade of andere negatieve effecten zoveel mogelijk worden beperkt.

Artikel 2.5.6 (externe werking)
Op een bestemmingsplan dat betrekking heeft op het waddengebied, dat nieuw gebruik of nieuwe bebouwing dan wel een wijziging van bestaand gebruik of bestaande bebouwing mogelijk maakt en daardoor afzonderlijk of in combinatie met ander gebruik of andere bebouwing significante gevolgen kan hebben voor de landschappelijke of cultuurhistorische kwaliteiten, bedoeld in artikel 2.5.2, zijn de artikelen 2.5.4 en 2.5.5 van overeenkomstige toepassing.

Artikel 2.5.7 (geen inpoldering)
Een bestemmingsplan dat betrekking heeft op de Waddenzee regelt voor de aan die gronden te geven bestemming dat het verboden is die gronden in te polderen, te bedijken of in te dijken.

Artikel 2.5.8 (aanlegverbod vliegvelden)
1. Een bestemmingsplan dat betrekking heeft op het waddengebied maakt geen de aanleg van een nieuw vliegveld mogelijk.
2. Een bestemmingsplan dat betrekking heeft op vliegvelden in de gemeenten Texel en Ameland, maakt uitbreiding van die vliegvelden slechts mogelijk, voor zover die uitbreiding noodzakelijk is voor het waarborgen van de vliegveiligheid.

Artikel 2.5.9 (booreilanden)
Een bestemmingsplan dat betrekking heeft op de Waddenzee regelt voor de aan die gronden te geven bestemming dat het verboden is booreilanden en andere offshore-installaties te parkeren.

Artikel 2.5.10 (havens en bedrijventerreinen)
1. Een bestemmingsplan dat betrekking heeft op de Waddenzee of direct aan de Waddenzee grenzende gronden, bevat geen bestemmingen die:
   a. aanleg van een nieuwe haven of nieuw bedrijventerrein; of
   b. zeewaartse uitbreiding van een direct aan de Waddenzee grenzende bestaande haven of bestaand bedrijventerrein mogelijk maken.
2. Het eerste lid, onder b, is niet van toepassing op het bestemmingsplan dat de verlegging van de TESO-veerhaven in de gemeente Den Helder mogelijk maakt.
3. Onze Minister of Onze Minister die het aangaat, in overeenstemming met Onze Minister, kan op verzoek van burgemeester en wethouders van Harlingen toestemming verlenen om af te wijken van het eerste lid, onderdeel b, voor een zeewaartse uitbreiding van de haven van Harlingen indien:
   a. een binnendijkse uitbreiding van die haven redelijkerwijs niet mogelijk is;
   b. een vergunning krachtens de Natuurbeschermingswet 1998 voor die uitbreiding kan worden verkregen; en

c. de uitbreiding afzonderlijk of in combinatie met andere activiteiten geen significante negatieve effecten heeft op de landschappelijke of cultuurhistorische kwaliteiten als bedoeld in artikel 2.5.2 op de Waddenzee en het binnendijks gelegen gebied.

Artikel 2.5.11 (geen bebouwing in de Waddenzee, tenzij)

1. Een bestemmingsplan dat betrekking heeft op de Waddenzee maakt geen nieuwe bebouwing mogelijk.
2. Het eerste lid is niet van toepassing op:
   a. bouwwerken, voor zover deze noodzakelijk zijn voor de veiligheid van het scheepvaartverkeer in de Waddenzee;
   b. bouwwerken voor alternatieve mosselzaadbronnen;
   c. bouwwerken voor een adequate afwatering van het vasteland;
   d. wadwachtposten, voor zover het een locatie betreft die niet vanaf het vaste land of een Waddeneiland bewaakt kan worden.
3. Het eerste lid is niet van toepassing op het bestemmingsplan, bedoeld in artikel 2.5.10, tweede lid, of een bestemmingsplan als bedoeld in artikel 2.5.16, derde lid.

Artikel 2.5.12 (bebouwing in het waddengebied)

1. Onverminderd hetgeen elders in dit besluit is bepaald ter zake van bebouwing, stelt een bestemmingsplan dat betrekking heeft op het waddengebied, dat het oprichten van nieuwe bebouwing mogelijk maakt:
   a. in het stedelijk gebied: regels die ertoe strekken dat de maximaal toelaatbare bouwhoogten aansluiten bij de hoogte van de bestaande bebouwing; en
   b. buiten het stedelijk gebied: regels die ertoe strekken dat de maximaal toelaatbare bouwhoogten alsmede de aard of de functie van nieuwe bebouwing passen bij de aard van het omringende landschap.
2. Een bestemmingsplan voor zover het betrekking heeft op havengerelateerde en stedelijke bebouwing in Den Helder, Harlingen, Delfzijl en de Eemshaven kan afwijken van het eerste lid, aanhef, en onder a, met dien verstande dat de nieuwe bebouwing blijft binnen de verticale bebouwingscontour.

Artikel 2.5.13 (installaties voor het winnen van diepe delfstoffen)

1. Een bestemmingsplan dat betrekking heeft op de Waddenzee regelt voor de aan die gronden te geven bestemming dat nieuwe opsporing of winning van diepe delfstoffen door middel van opsporings- of winningsinstallaties in de Waddenzee verboden is.
2. Een bestemmingsplan dat betrekking heeft op gronden buiten de Waddenzee kan nieuwe opsporing of winning van gas onder de Waddenzee mogelijk maken indien:
   a. er wetenschappelijk gezien redelijkerwijs geen twijfel bestaat dat er geen schadelijke gevolgen zijn voor de natuur- en landschapswaarden van de Waddenzee; en

b. de benodigde op te richten bouwwerken, waaronder de tijdelijke plaatsing van boorinstallaties, zorgvuldig worden ingepast in het landschap ter bescherming van de unieke openheid daarvan, met behulp van de best beschikbare technieken.

3. Een bestemmingsplan dat betrekking heeft op gronden buiten de Waddenzee kan geen bestemmingen bevatten die nieuwe opsporing of winning onder de Waddenzee van andere diepe delfstoffen dan gas toestaan tot het moment waarop wetenschappelijk gezien redelijkerwijs geen twijfel bestaat dat er geen schadelijke gevolgen zijn voor de natuur- en landschapswaarden van de Waddenzee.

Artikel 2.5.14 (windturbines)

Een bestemmingsplan dat betrekking heeft op de Waddenzee maakt geen plaatsing van nieuwe windturbines mogelijk.

Artikel 2.5.15 (winnen van oppervlaktedelfstoffen, ontgrondingen en schelpenwinning)

Een bestemmingsplan dat betrekking heeft op de Waddenzee regelt voor de aan die gronden te geven bestemming dat het verboden is oppervlaktedelfstoffen te winnen met uitzondering van

a. het winnen van zand ten behoeve van het regulier onderhoud van vaargeulen of ten behoeve van bij of krachtens dit besluit toegestane bebouwing in de Waddenzee; en
b. het winnen van schelpen beneden het peil van NAP -5 meter.

Artikel 2.5.16 (jachthavens)

1. Een bestemmingsplan dat betrekking heeft op de Waddenzee of gronden die direct grenzen aan de Waddenzee bevat geen bestemmingen die de aanleg van een nieuwe jachthaven toestaan.
2. Een bestemmingsplan dat betrekking heeft op de Waddenzee bevat geen bestemmingen die zeewaartse uitbreiding van bestaande jachthavens toestaan.
3. Het tweede lid is niet van toepassing op een bestemmingsplan dat betrekking heeft op een bestaande jachthaven op een Waddeneiland, voor zover het een beperkte zeewaartse uitbreiding van die haven betreft, die noodzakelijk is voor de veiligheid, en voor zover er geen andere passende oplossing mogelijk is.

Artikel 2.5.17 (omgevingsvergunning voor bepaalde termijn)

1. Van een bestemmingsplan als bedoeld in de artikelen 2.5.7 tot en met 2.5.16, wordt niet met toepassing van artikel 2.12, tweede lid, van de Wet algemene bepalingen omgevingsrecht afgeweken.
2. Een bestemmingsplan als bedoeld in de artikelen 2.5.7 tot en met 2.5.16 kan regelen dat burgemeester en wethouders in afwijking van het eerste lid een omgevingsvergunning als bedoeld in artikel 2.12, tweede lid, van de Wet algemene bepalingen omgevings-

recht kunnen verlenen waarbij tijdelijk van het bestemmingsplan wordt afgeweken ten behoeve van tijdelijke bebouwing voor wetenschappelijk onderzoek en monitoring.

3. Een bestemmingsplan als bedoeld in artikel 2.5.15 kan regelen dat burgemeester en wethouders een omgevingsvergunning als bedoeld in artikel 2.12, tweede lid, van de Wet algemene bepalingen omgevingsrecht kunnen verlenen waarbij tijdelijk van het bestemmingsplan wordt afgeweken ten behoeve van een incidentele verdere verdieping van een hoofdvaargeul.

Artikel 2.5.18 (relatie met regels kustfundament)

Artikel 2.3.4 is niet van toepassing wanneer toepassing van deze bepaling zou leiden tot strijdigheid met de regels die bij of krachtens deze titel zijn gesteld.

Bijlage V. EU-verdragen

EU-verdragen

Relevante tekstfragmenten uit EU-verdragen. Art. 3 lid 3 VEU (duurzaamheidsbeginsel) en art. 191 VWEU (milieutitel).

Duurzaamheidsbeginsel van art. 3 lid 3 VEU (art. 2 EG-Verdrag (oud))[155]

[De Unie] zet zich in voor de *duurzame ontwikkeling* van Europa, op basis van evenwichtige *economische* groei ..., een sociale markteconomie met een groot concurrentievermogen die gericht is op ... *sociale* vooruitgang, en van een hoog niveau van bescherming en verbetering van de kwaliteit van het *milieu*.

(...)

De Unie bevordert de economische, sociale en territoriale samenhang, en de solidariteit tussen de lidstaten.

De milieutitel van art. 191 VWEU (art. 174 EG-Verdrag (oud))[156]

1. Het beleid van de Unie op milieugebied draagt bij tot het nastreven van de volgende doelstellingen:
   - behoud, bescherming en verbetering van de kwaliteit van het milieu;
   - bescherming van de gezondheid van de mens;
   - behoedzaam en rationeel gebruik van natuurlijke hulpbronnen;
   - bevordering op internationaal vlak van maatregelen om het hoofd te bieden aan regionale of mondiale milieuproblemen, en in het bijzonder de bestrijding van *klimaatverandering*.
2. De Unie streeft in haar milieubeleid naar een hoog niveau van bescherming, rekening houdend met de *uiteenlopende situaties in de verschillende regio's* van de Unie. Haar beleid berust op het *voorzorgsbeginsel* ....
3. Bij het bepalen van haar beleid op milieugebied houdt de Unie rekening met:

   (...)

[155] NB: Cursivering van de auteur. De cursivering ziet op respectievelijk de 3Ps: *profit* (economische groei), *people* (sociale vooruitgang) en *planet* (bescherming én verbetering van het milieu). Duurzame ontwikkeling wordt overigens ook weer onderstreept in lid 5 van art. 3 VEU. Een *three scale balancing* in het kader van het EU duurzaamheidsstreven zou wellicht op dit algemene EU-beginsel van duurzaamheid te gronden zijn.

[156] NB: Cursivering van de auteur. Regionale diversiteit en voorzorg zien we in lid 2.
Echo's van de drie Ps (sociaal-economische belangen in het derde lid en milieubelangen in het eerste lid) vinden we overigens ook weer in lid 1 en lid 3.
Ook wordt klimaatverandering expliciet genoemd in lid 1.

- de mileuomstandigheden in de onderscheiden regio's van de Unie
- (...)
- de *economische* en *sociale* ontwikkeling van de Unie als geheel en de evenwichtige ontwikkeling van haar regio's.

Literatuursuggesties

Arts, B., *Forests, institutions, discourses. A discursive-institutional analysis of global forest politics*, inaugural address Wageningen University, Wageningen 2006.

Backes, Ch.W., A.A. Freriks, J. Robbe, *Hoofdlijnen natuurbeschermingsrecht*, Sdu uitgevers, Den Haag 2009.

Bastmeijer, C.J., *Ieder voor zich en de natuur voor ons allen. Over de relatie tussen mens en natuur en de toekomst van het natuurbeschermingsrecht*, Boom, Den Haag 2011.

Brans, M.C., J.C. Ellerman, *Projectontwikkeling onder de Crisis- en herstelwet*, Instituur voor Bouwrecht, Den Haag 2010.

Breeman,G., H. Goverde, K. Termeer (red.), *Governance in de groen-blauwe ruimte*, Van Gorcum, Assen 2009.

Christy, L.C., Ch. E. di Leva, J.M. Lindsay, P.T. Takoukam, *Forest law and sustainable development*, World Bank, Washington 2007.

De Gaay Fortman, M. (red.), *Duurzaamheid: kansen en grenzen in het recht*, Houthoff Buruma, Amsterdam 2010.

Dotinga, H.M, A. Trouwborst, *Juridische bescherming van biodiversiteit in de Noordzee*, Centrum voor Omgevingsrecht en -beleid/NILOS, Utrecht 2008, p. 9 e.v.

Eijsbouts, W.T., J.H. Jans, L.A.J. Senden, A. Prechal, *Europees recht-Algemeen deel. Sinds het Verdrag van Lissabon*, Europa Law Publishing, Groningen 2010.

Gunningham, N., P. Grabosky, *Smart regulation. Designing environmental policy*, Oxford University Press, Oxford 1998.

Hajer, M., *De energieke samenleving. Op zoek naar een sturingsfilosofie voor een schone economie*, PBL, Den Haag 2011.

Jans, J.H., H.H.B. Vedder, *European environmental law. After Lisbon*, Europa Law Publishing, Groningen 2012.

Kamphorst, D.A., W. Nieuwenhuizen, M.E.A. Broekmeyer, F.H. Kistenkas, *Borging van de EHS in bestemmingsplannen*, Alterra 2123, Wageningen 2011.

Kistenkas, F.H., *Problemen van regelgeving*, Vermande, Lelystad 1994.

Kistenkas, F.H., *Recht voor de groene ruimte*, Wageningen Academic Publishers, Wageningen 2008.

Kistenkas, F.H., W. Nieuwenhuizen, *Rechtsontwikkelingen landschapsbeleid: landschapsrecht in wording*, bijlage bij WOt-paper 12 ; 'Recht versus beleid', werkdocument 280 WOt NM, Wageningen 2011.

Kuindersma, W., F.H. Kistenkas, R.C. van Apeldoorn, *De transformatie van Nederlands natuurbeleid door Europees recht*, Planbureaustudies nr. 8, Natuurplanbureau, Wageningen 2004.

Nijmeijer, A.G.A., *Afspraken van belang. Over sturing en regie in het omgevingsrecht*, Instituut voor Bouwrecht, Den Haag 2009.

Opdam, P., *Groen-blauwe netwerken in duurzame gebiedsontwikkeling*, Habiforum/Wageningen UR, Gouda 2009.

Planbureau voor de Leefomgeving (PBL), *Ex-durante evaluatie Wet ruimtelijke ordening: tweede rapportage*, Den Haag 2012.

Planbureau voor de Leefomgeving (PBL), *Natuurverkenning 2010-2040. Visies op de ontwikkeling van natuur en landschap*, Den Haag 2012.

Van Buuren, P.J.J., A.A.J. de Gier, A.G.A. Nijmeijer, J. Robbe, *Hoofdlijnen ruimtelijk bestuursrecht*, Kluwer, Deventer 2009.

Van den Broek, J.H.G., *Wegwijzer omgevingsrecht 2011*, Kluwer, Alphen aan den Rijn 2010.

Van Tatenhove, J.P.M., *The tide is turning: the rise of legitimate EU marine governance*, Inauguratie,Wageningen 2012.

Vereniging voor Milieurecht (VMR), *Het dilemma van de Noordzee: intensief gebruik én het grootste natuurgebied van Nederland*, Boom, Den Haag 2010.

Zakenregister

Auteur

Mr. dr. F.H. (Fred) Kistenkas (1959) is sinds 2003 verbonden als senior onderzoeker omgevingsrecht bij het onderzoeksinstituut Alterra van Wageningen Universiteit en Researchcentrum en is tevens als senior docent verbonden aan de leerstoelgroep Bos- en Natuurbeleid van Wageningen Universiteit. Hij was van 1983-2003 universitair docent bij de vakgroep staats- en bestuursrecht van de Universiteit van Amsterdam en promoveerde aldaar op een proefschrift over decentrale regelgeving (1989).

Naast auteur van diverse rechtswetenschappelijke (leer)boeken, artikelen en rapporten is hij o.m. redacteur bij het tijdschrift *Landschap* en columnist bij het *Vakblad Natuur Bos Landschap*.

www.ingramcontent.com/pod-product-compliance
Lightning Source LLC
Chambersburg PA
CBHW061209240926
51846CB00006B/1168
9789086862016